Soumaya Almorabeti

Le monde du Cloud Computing

Soumaya Almorabeti

Le monde du Cloud Computing

Initiez vous au Cloud

Éditions universitaires européennes

Impressum / Mentions légales
Bibliografische Information der Deutschen Nationalbibliothek: Die Deutsche Nationalbibliothek verzeichnet diese Publikation in der Deutschen Nationalbibliografie; detaillierte bibliografische Daten sind im Internet über http://dnb.d-nb.de abrufbar.
Alle in diesem Buch genannten Marken und Produktnamen unterliegen warenzeichen-, marken- oder patentrechtlichem Schutz bzw. sind Warenzeichen oder eingetragene Warenzeichen der jeweiligen Inhaber. Die Wiedergabe von Marken, Produktnamen, Gebrauchsnamen, Handelsnamen, Warenbezeichnungen u.s.w. in diesem Werk berechtigt auch ohne besondere Kennzeichnung nicht zu der Annahme, dass solche Namen im Sinne der Warenzeichen- und Markenschutzgesetzgebung als frei zu betrachten wären und daher von jedermann benutzt werden dürften.

Information bibliographique publiée par la Deutsche Nationalbibliothek: La Deutsche Nationalbibliothek inscrit cette publication à la Deutsche Nationalbibliografie; des données bibliographiques détaillées sont disponibles sur internet à l'adresse http://dnb.d-nb.de.
Toutes marques et noms de produits mentionnés dans ce livre demeurent sous la protection des marques, des marques déposées et des brevets, et sont des marques ou des marques déposées de leurs détenteurs respectifs. L'utilisation des marques, noms de produits, noms communs, noms commerciaux, descriptions de produits, etc, même sans qu'ils soient mentionnés de façon particulière dans ce livre ne signifie en aucune façon que ces noms peuvent être utilisés sans restriction à l'égard de la législation pour la protection des marques et des marques déposées et pourraient donc être utilisés par quiconque.

Coverbild / Photo de couverture: www.ingimage.com

Verlag / Editeur:
Éditions universitaires européennes
ist ein Imprint der / est une marque déposée de
OmniScriptum GmbH & Co. KG
Heinrich-Böcking-Str. 6-8, 66121 Saarbrücken, Deutschland / Allemagne
Email: info@editions-ue.com

Herstellung: siehe letzte Seite /
Impression: voir la dernière page
ISBN: 978-3-8417-4520-0

Copyright / Droit d'auteur © 2015 OmniScriptum GmbH & Co. KG
Alle Rechte vorbehalten. / Tous droits réservés. Saarbrücken 2015

Avant-propos

Nom et prénom de l'élève stagiaire :

ALMORABETI Soumaya

Intitulé du travail:

Contribution à la préparation d'un environnement Cloud adéquat pour l'intégration du service IAAS du Cloud Computing.

Établissement d'accueil:

Cires Télécom

Lieu : 23, rue Carnot 7° étg. n° 7 -Tanger

Téléphone: 05 39 32 13 12

Établissement d'origine :

École Nationale des Sciences Appliquées de Tanger

Nom et prénom de l'encadrante professionnelle :

Mme.CHAARA Imane : Ingénieure d'état en Génie des Systèmes de Télécommunication & Réseaux et Responsable Etude&Dépoilement

Nom et prénom de l'encadrant pédagogique :

Mr.BADIR Hassan : Professeur de l'Enseignement Supérieur Assistant

Date de début et de fin du stage :

Du 3 Mars au 10juin 2014

Contribution à la préparation d'un environnement Cloud adéquat pour l'intégration du service IAAS du Cloud Computing

Remerciements

Au terme de ce travail, je tiens tout d'abord à remercier tout l'ensemble du corps professoral de l'ENSA de Tanger et les intervenants professionnels responsables de la formation génie des systèmes de télécommunication & réseaux, pour leurs efforts et pour avoir assuré la bonne formation .

J'adresse également mes sincères remerciements à toutes ces personnes dont l'impossibilité de les citer nommément, ma profonde gratitude et ma reconnaissance va particulièrement à :

Mr. MOUKHLISS Noureddine (Directeur de Cires Télécom) pour m'avoir offert l'opportunité d'effectuer ce stage au sein de la société.

Mme .CHAARA Imane (Responsable Etude&dépoilement) mon encadrante externe, qui m'a accompagnée tout au long de cette expérience professionnelle, pour avoir su m'encadrer, pour ses conseils qu'elle m'a prodigué, son sens de l'écoute et pour ses réponses à toutes mes questions tout au long de ce stage.

Mr. BADIR Hassan (Professeur de l'Enseignement Supérieur Assistant) mon tuteur pédagogique, pour son suivi, ses précieux conseils, ses orientations fructueuses et recommandations qui ont été d'une grande utilité et sans lesquelles ce fruit de mon travail n'aurait jamais atteint son niveau actuel.

Mr. MOUSSAOUI Mohammed coordinateur de la filière Génie des Systèmes de Télécommunications et Réseaux au sein de l'ENSA de Tanger pour son aide afin de nous assurer le soutien nécessaire.

Je ne manquerai pas d'exprimer ma grande reconnaissance et mes sentiments d'estime à toute l'équipe technique et à tout le personnel du Cires Télécom, pour leur bon sens de collaboration et leur encouragement. Merci à ceux qui m'ont beaucoup appris au cours de ce stage, et à ceux qui ont eu la gentillesse de faire de ce stage un moment très profitable.

Mes vifs remerciements aux membres du jury pour l'honneur et l'amabilité d'avoir bien voulu accepter de juger ce travail.

Sans oublier, les sacrifices, le soutien continu, et la voix d'encouragement de ma chère mère, mon cher mari, mon frère et mes sœurs. Qu'ils trouvent ici l'expression de mes sentiments de respect, d'amour, de gratitude et de reconnaissance.

Dédicace

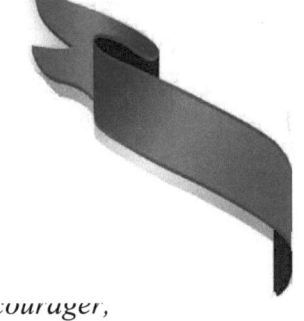

A mes chers parents,

*A celle qui m'adonné la vie, le symbole
de tendresse, qui s'estsacrifiée pour mon bonhe
et ma réussite,à mamère pour son affection
inépuisable.*

*A mon cher père décédé, école de mon
enfance, qui a veillé tout au long de sa vie à m'encourager,
à me donner l'aide et à me protéger.*

A mon cher mari,

*Nulle dédicace ne saurait exprimer l'amour,
        la reconnaissance et le respect quej'ai toujours éprouvé à votre
égard.
Ce travail est le fruit des innombrables sacrifices que vous avez consenti
pour me permettre d'atteindre cette étape de ma vie.*

A tous les membres de la famille

*A mes adorables sœurs, frère et toute la famille pour leurs prières,
        leurs encouragements et leur soutien inestimable.*

Puisse Dieu, le tout puissant, vous procurer santé, bonheur et longue vie.

Je dédie ce modeste travail

Soumaya Almorabeti

Contribution à la préparation d'un environnement Cloud adéquat pour l'intégration du service IAAS du Cloud Computing

Résumé

Le Cloud Computing est devenu aujourd'hui, le sujet le plus débattu dans le secteur des technologies de l'information. Il consiste à proposer des services informatiques sous forme de services à la demande, accessibles à distance via l'Internet.

Le service de base le plus connu du Cloud Computing est l'IaaS (infrastructure en tant que service), qui fournit un socle d'infrastructure informatique virtualisé, en offrant des ressources informatiques (serveurs, stockage, réseaux) à la demande selon les besoins des clients .Ceci permet aux entreprises d'externaliser leurs systèmes informatiques et donc de réduire leurs coûts informatiques tout en étant plus efficaces et plus flexibles.

Ayant pour but d'accompagner l'évolution technologique du marché en termes de Cloud et étant conscient des bénéfices que peut apporter le service IaaS du Cloud Computing pour ses clients, Cires Télécom a décidée d'offrir ce service.

Dans ce cadre, notre tâche a consisté à participer à la préparation d'un environnement Cloud adéquat pour la mise en place future du service IaaS.

Mots-clés : Cloud Computing, virtualisastion, infrastructure en tant que service, OpenStack.

Abstract

Cloud Computing has become the most discussed topic in the field of information technologies. It consists to propose IT services as on-demand services, accessible remotely via the Internet.

The basic service the most known of the Cloud Computing is IaaS (infrastructure as a service), which provides a socle of virtualized IT infrastructure, by offering computing resources(servers,storage,networks) on demand according to the customer needs. This allows companies to outsource their IT systems and thus reduce their IT costs by being more efficient and flexible.

Aimed to accompany the technological evolution of the market in terms of the Cloud and being aware of the benefits that can bring IaaS service of the Cloud Computing for its customers, Cires Télécom decided to offer this service.

In this context, our task was to participate in the preparation of an appropriate Cloud environment for future implementation of IaaS service.

Keywords: Cloud Computing, virtualization, infrastructure as a service, OpenStack.

Table des matières

Avant-propos 2
Remmerciements 3
Dédicace 4
Résumé 5
Abstract 6
Table des matières 7
Términologie 10
Table des figures 11
Liste des tableaux 12
Introduction générale 13
Chapitre I : Environnement & Contexte du projet 15
   I.   Entreprise d'accueil 16
       1.   Présentation de Cires Télécom 16
       2.   Atouts 16
       3.   Gamme d'activités 17
       4.   Organigramme 17
   II. Présentation du projet 18
       1.   Motivations et cadre du projet 18
       2.   Spécification des besoins 19
       3.   Cahier des charges 20
       4.   Planification du projet 21
Conclusion 22
Chapitre II : Etat de l'art sur le Cloud Computing 23
   I.   Généralités sur le Cloud Computing 24
       1.   Présentation du Cloud Computing 24
       2.   Notions fondamentales 26
       3.   Services du Cloud Computing 28
       4.   Types du Cloud Computing 31
       5.   Atouts et limites 32
   II. Marché du Cloud Computing 34
       1.   Fournisseurs d'IaaS 34
       2.   Fournisseurs de PaaS 35
       3.   Fournisseurs de SaaS 36

III. Benchmarking sur les plateformes open source d'IaaS 37
   1. Présentation des solutions 37
   2. Bilan comparatif 39
   3. Synthèse 39
Conclusion 40
Chapitre III : Etude préliminaire de prérequis du projet 41
I. Conception de notre propre architecture IaaS 42
   1. Présentation de Datacenter TMED2 42
   2. Eléments constitutifs de la couche IaaS 44
   3. Critères généraux de conception 47
   4. Architecture IaaS proposée 48
II. Choix du matériel 49
   1. Équipements de réseau 50
   2. Équipements de stockage &calcul 50
III. Choix de notre solution IaaS 51
   1. Analyse des besoins 51
   2. Critères du choix final 53
IV. Présentation de la plateforme choisie 54
   1. Modules d'OpenStack 54
   2. Architecture d'OpenStack 59
Conclusion 60
Chapitre IV : Dépoilement&Test de la plateforme choisie 61
I. Architecture de dépoilement 62
   1. Justification de l'architecture choisie 62
   2. Environnement d'installation 63
II. Installation et configuration d'OpenStack 63
   1. Installation 63
   2. Configuration 64
III. Test de fonctionnement d'OpenStack 64
   1. Administration d'OpenStack 64
   2. Utilisation d'OpenStack 67
IV. Présentation de l'application web 71
   1. Fonctionnalités 71
   2. Technologies utilisées 71

3. Interfaces de l'application 71
Conclusion.. 78
Conclusion générale 79
Webographie 81
Bibliographie 81
Annexes 82

Terminologie

A-B-C

API: Application Programming Interface
CPU: Central Processing Unit
CRM: Customer Relationship Management

D-E-F

DHCP: Dynamic Host Configuration Protocol
DMZ: DeMilitarized Zone
EULA: End User License Agreement
FC: Fiber Channel

G-H-I

GPL: General Public License
IAAS: Infrastructure As A service
ICMP: Internet Control MessageProtocol
IP: Internet Protocol
IT: Information Technology

J-K-L

KVM: Kernel-based Virtual Machine
LAN: Local Architecture Network
LVM: Logical Volume Manager

M-N-O

MPO: Multi Fiber Push On
NAS: Network Attached Storage
NIST: National Institute of Standards And Technology
OS: Operating System

P-Q-R

PAAS: Platform As A Service
RAID: Redundant Array of Independent Disk
RAM: Random Access Memory

S-T-U

SAN: Storage Area Network
SAAS: Software As A Service
SOA: Service Oriented Architecture
SSH: Secure SHell
TFZ: Tangier Free Zone
TETRA: Terrestrial Trunked Radio
URL: Uniform Resource Locator

V-W

VDI: Virtual Desktop Infrastructure
VHD: Virtual Hard Disk
VM: Virtual Machine
VMDK: Virtual Machine Disk
VPN: Virtual Private Network
WAN: Wide Area Network

Table des figures

Figure 1 : Organigramme simplifié de Cires Télécom 18
Figure 2 : Diagramme de Gantt 22
Figure 3 : Modélisation d'un Datacenter 27
Figure 4 : Différentes couches des services du Cloud Computing 28
Figure 5 : Répartition de la responsabilité en fonction du service du Cloud 30
Figure 6: Exemple d'un châssis 46
Figure 7: Vue arrière châssis 46
Figure 8: Représentation d'un serveur blade 47
Figure 9: Architecture IaaS proposée 49
Figure 10 : Architecture globale d'OpenStack 60
Figure 11 : Architecture simplifiée de dépoiement d'OpenStack 62
Figure 12 : Interface d'administration d'OpenStack 64
Figure 13 : Création d'un nouvel utilisateur 65
Figure 14 : Création d'une image disque 66
Figure 15 : Affichage de l'image créée 67
Figure 16 : Tableau de bord (interface du client) d'OpenStack 67
Figure 17 : Test d'accès à l'instance OCPInstance via putty 68
Figure 18 : Test de fonctionnement de l'instance OCPInstance 69
Figure 19 : Test d'installation de phpMyAdmin sur l'instance CiresTest 69
Figure 20 : Page d'accueil de l'application 72
Figure 21 : Menu Solutions IaaS : Exemple d'offre Cloud Instances 73
Figure 22 : Menu Solutions IaaS : exemple d'offre Système d'exploitatio 73
Figure 23 : Formulaire de demandes des clients 74
Figure 24 : Interface d'authentification de l'administrateur 75
Figure 25 : Sous Menu Demandes Clients 75
Figure 26 : Consultation des demandes reçues 76
Figure 27 : Sous menu Utilisateurs 76
Figure 28 : Sous menu Offres 77
Figure 29 : Test d'ajout d'une nouvelle offre 77
Figure 30 : Affichage de la nouvelle offre dans la liste 78
Figure 31 : Affichage de la nouvelle offre dans la partie Solutions IaaS 78
Figure 32: Choix de type d'installation All-In-One 82
Figure 33 : Choix de l'interface pour le réseau public 82
Figure 34 : Configuration de l'adresse réseau 83
Figure 35: Spécification d'un nom pour notre machine 83
Figure 36: Configuration de l'adresse IP pour le réseau fixe nova 83
Figure 37: Configuration d'administrateur d'OpenStack 83
Figure 38: Spécification d'un utilisateur normal d'OpenStack 84
Figure 39 : Lancement d'installation 84

Figure 40 : Modification du fichier de configuration Keystone.conf 85
Figure 41 : Ajout de variables d'authentification de Glance au Keystone................................ 85
Figure 42 : Modification des fichiers de configuration de Glance.. 86
Figure 43 : Modification du fichier de configuration de Cinde 86
Figure 44: Ajout de variables d'authentification de Cinder au Keystone 87
Figure 45: Modification du fichier /etc/nova/api-paste.ini... 87
Figure 46 : Modification du fichier de la configuration de Nova 88
Figure 47: Configuration du réseau (Nova) 88
Figure 48: Modification du logo du tableau de bord d'OpenStack... 89
Figure 49: Modification de la page d'authentification d'OpenStack... 89
Figure 50 : Menu Flavors de tableau de bord... 90
Figure 51 : Création d'un Keypair 92
Figure 52: Création d'un groupe de sécurité 92
Figure 53: Ajout d'une règle d'accès(SSH) 93
Figure 54: Ajout d'une règle d'accès(ICMP).. 93
Figure 55: Allocation d'une adresse IP flottante 93
Figure 56 : Adresse IP flottante allouée 94
Figure 57 : Création d'une instance (étape 1) 94
Figure 58: Création d'une instance (étape 2) 95
Figure 59: Confirmation de la création de l'instance OCPInstance.. 95
Figure 60 : Attribution de l'adresse IP flottante à l'instance créée 96
Figure 61 : Confirmation de l'attribution de l'adresse IP flottante 96
Figure 62: Création de l'instance CiresTest 96

Liste des Tableaux

Tableau 1 : Bilan comparatif de trois plateformes libre du Cloud IaaS ....….....................40

Introduction générale

Face à l'augmentation continuelle des coûts de mise en place et de maintenance des systèmes informatiques, plusieurs entreprises externalisent de plus en plus leurs services informatiques en les confiant aux fournisseurs du Cloud Computing.

En effet, les fournisseurs du Cloud Computing proposent des services informatiques sous forme de services à la demande, et permettent aux entreprises clientes de bénéficier des ressources informatiques virtuelles (grande capacité de stockage, puissance de calcul élevée, machines et serveurs virtuels) et d'utiliser des applications et des logiciels à distance via l'Internet selon leurs besoins. L'intérêt principal du Cloud pour les entreprises réside dans le fait qu'elles ne paient que pour les services effectivement consommés et qu'elles utilisent des ressources informatiques modulables en fonction de leurs besoins. Quant au fournisseur du Coud, son but est de répondre aux besoins des clients en dépensant le minimum de ressources possibles.

C'est dans cette optique que nous nous intéressons au cours de ce projet de fin d'études, au choix et détermination de tous le les prérequis nécessaires en termes de matériel et plateformes afin de préparer un environnement Cloud adéquat favorisant l'intégration d'un nouveau service pour le compte d'entreprise d'accueil, qui a comme perspective de devenir un fournisseur du Cloud IaaS ,dans le but de satisfaire les besoins de ses fidèles clients .

Le présent rapport retrace et éclaircit le cheminement que nous avons entrepris pour bien mener ce projet à son terme. Il s'articule principalement autour de quatre chapitres :

Dans le premier, nous essayerons de mettre en œuvre les éléments permettant de mieux appréhender ce manuscrit, partant d'une présentation de l'organisme d'accueil et son domaine d'activités, et enchainant par une description du projet, ses motivations ainsi que les différentes étapes de son déroulement. Dans le second, nous allons expliquer d'une part, quelques notions de base à propos du Cloud Computing,et d'autre part, nous exposerons quelques plateformes de gestion du Cloud IaaS. Dans le troisième, nous allons présenter les différents éléments qui constituent une infrastructure Cloud, spécifier le matériel requis pour le Cloud et proposer une architecture IaaS.

Ainsi, nous allons relever les besoins fonctionnels et non fonctionnels attendus de la solution, qui nous permettront en conséquence de cerner notre choix sur une plateforme de gestion du Cloud IaaS adéquate, en détaillant ses composants et ses fonctionnalités. Finalement, dans le quatrième chapitre, nous aborderons dans un premier temps, les détails techniques de dépoilement de la plateforme choisie sur un serveur de test .Ensuite, nous présenterons les fonctionnalités de l'application web que nous avons développé spécialement pour la commercialisation de futures offres IaaS de Cires Télécom.

Chapitre I

Environnement &Contexte général du projet

Ce premier chapitre est une représentation du contexte général de notre projet. Dans un premier temps nous présenterons l'organisme d'accueil, après nous donnerons un aperçu sur les motivations et les objectifs de notre projet et par la suite nous mettrons le point sur son cahier des charges et sa planification.

I. Entreprise d'accueil

1. Présentation de Cires Télécom

Cires Télécom est une société anonyme qui a été créée en 2007. Elle est spécialisée dans les services de télécommunication adaptés aux besoins et aux exigences des sites complexes (ports, zones industrielles, logistiques…). Son effectif est 52 employés et son chiffre d'affaire a atteint 50 MDH. D'ici à 2020, son objectif est de porter le nombre d'employés à 120 et son chiffre d'affaires à 150 MDH.

La société opère au port Tanger Med et dans les zones d'activités de TFZ où elle intervient des réseaux de télécommunication en fibre optique et cuivre ouverts à l'ensemble des opérateurs de télécommunication nationaux favorisant ainsi une dynamique concurrentielle au profit des entreprises installées dans ces sites. Joint-venture entre l'Agence Spéciale Tanger Med(TMSA) avec 51% et Hub Telecom avec 49%, Cires Télécom compte parmi ses clients des opérateurs industriels et logistiques de renommé internationale.

Elle a pour ambition de s'ériger en un acteur de référence dans les solutions et services de télécommunication pour les sites complexes afin d'accompagner le développement important que connaissent au Maroc les ports et les zones industrielles ou encore les zones logistiques.

2. Atouts

- **Un business model basé sur la Location & Entretien**

Dans le but d'accompagner les investisseurs dans leur installation et leurs ambitions, Cires Télécom propose un business model basé sur la location & entretien qui permet de :

- Entretenir et maintenir les équipements installés durant toute la durée du contrat.

- Tenir un stock des équipements par Cires Télécom en remplacement du matériel défectueux durant la période du contrat.

- Changer le matériel à la fin du contrat par un matériel plus performant.

- **L'apport d'une expertise à 360°**

-Compréhension du métier du client et de ses besoins entermes de solutions de télécommunication.

- Conception de solutions adaptées.

- Neutralité vis-à-vis de trois opérateurs de télécommunication : Maroc télécom, Méditel et INWI. En effet Cires peut déployer ses solutions en étroite collaboration avec l'opérateur du client.

-Proximité de ses clients : les équipes techniques de Cires sont déployées dans les zones dans lesquelles elle opère avec un système d'astreinte 7/7 & 24/24.

3. Gamme d'activités

Cires Télécom assure l'interface avec l'opérateur télécom choisi par le client, Maroc Telecom, Méditel ou Inwi, et assure l'interconnexion des réseaux de voix et de données.

Cires Télécom intervient aussi dans le domaine de la sécurité avec des offres de vidéo-surveillance et de contrôle d'accès, soit une offre complète de services pour les opérateurs travaillant au sein du port Tanger Med ou de la zone logistique attenante, Med Hub, ainsi que de la zone franche de Tanger.Sa maitrise technologique, ses équipements, son expertise et son savoir-faire lui permettent d'offrir des services de qualité.

Cires Télécom offre à ses clients une large gamme de solutions éprouvées dans les domaines de :

- **Voix :** Téléphonie IP, Téléphonie Fixe et radio numérique TETRA.
- **Data :** Conception des architectures réseaux, installation et maintenance des réseaux d'entreprises, réseaux wifi.
- **Sécurité :** Contrôle d'accès, Vidéosurveillance et Biométrie.
- **Conseil et assistance.**
- **Hébergement** : Location d'espace dans les trois Datacenters de Cires.

4. Organigramme

La figure1 illustre l'organigramme de Cires Télécom :

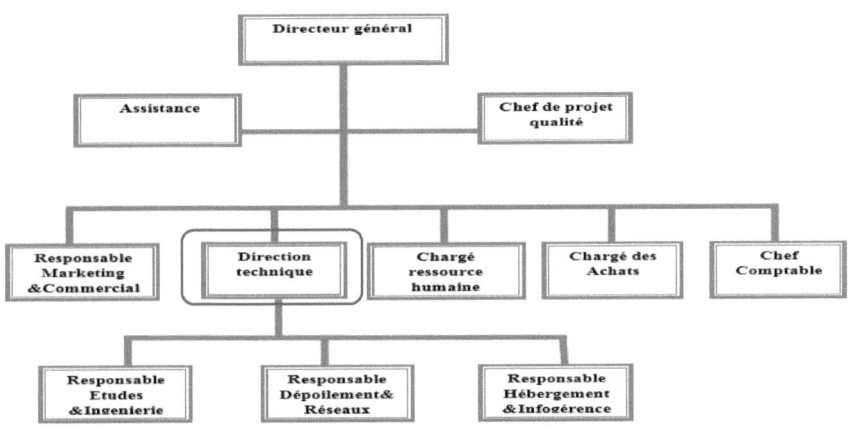

Figure 1 : Organigramme simplifié de Cires Télécom

Nous notons que ce stage s'est déroulé plus précisément au sein du département technique.

II. Présentation du projet

1. Motivations et cadre du projet

Ce présent projet s'inscrit dans le cadre d'intégration d'un nouveau service à la pointe de la technologie : Cloud IaaS pour le compte d'entreprise d'accueil.

En tant qu'une entreprise moderne, Cires Télécom se doit d'être toujours dans le bain de l'évolution des nouvelles technologies. Actuellement, Cires veut proposer un nouveau service à ses fidèles clients, et rendre ses services d'hébergement plus flexibles et évolutifs.

Pour accompagner la dernière évolution du marché en matière d'hébergement, Cires Télécom a mis comme perspective, l'intégration du Cloud Computing dans son service d'hébergement .Elle veut offrir précisément le service IaaS du Cloud Computing en mettant à disposition de ses clients des machines virtuelles évolutives à la demande.

Cires a pour ambition de devenir l'intégrateur de référence des solutions et des services IaaS à valeur ajoutée au Maroc.

2. Spécification des besoins

Avec le service existant d'hébergement, Cires loue à ses clients seulement des baies (mutualisées ou dédiées) et des espaces au m^2 dans ses trois Datacenters, tout en assurant les conditions nécessaires à l'hébergement de leurs infrastructures, à savoir : la sécurité physique, la sécurité électrique et la climatisation. C'est les clients qui s'occupent donc de l'achat, l'installation et la gestion du matériel informatique.

Au fur et à mesure que les systèmes informatiques évoluent, la demande en quantité d'espace de stockage et de capacité de calcul grandit, et alors les coûts augmentent .Dans ce contexte, certaines entreprises clientes de Cires ne veulent plus continuer à investir sur l'achat du matériel et des équipements qui sont pour la plupart du temps onéreux. De ce fait, elles cherchent à minimiser les coûts de leurs infrastructures, optimiser les investissements et améliorer les performances de leur système d'information, et elles veulent se concentrer principalement sur leurs processus métiers sans se préoccuper du matériel. Le Cloud Computing s'avère la meilleure solution pour atteindre leurs finalités.

C'est dans cette optique de satisfaction des besoins de ses fidèles clients, que Cires Télécom veut fournir le service IaaS du Cloud Computing.

Un tel service va permettre à ses clients d'utiliser des serveurs en déployant des machines virtuelles à distance et à la demande et dont les ressources (CPU, RAM, espace de stockage) peuvent évoluer en fonction de leurs besoins (au gré de l'évolution de leurs opérations et de leur développement) de façon dynamique.

Pour offrir le service IaaS du Cloud, Cires doit notamment :

- Préparer une infrastructure physique robuste qui consiste en la couche matérielle (Hadware) supportant le Cloud IaaS.
- Choisir une plateforme (hyperviseur) de virtualisation appropriée permettant d'abstraire la couche matérielle (virtualisation des ressources physiques pour les partager entre plusieurs machines virtuelles).
- Choisir une plateforme performante pour la gestion du Cloud IaaS.

C'est dans cette perspective que ce projet s'élabore, qui consiste concrètement à concevoir une architecture IaaS appropriée et préparer tous les prérequis en termes de plateformes et du matériel pour favoriser l'intégration du service IaaS du Cloud Computing.

3. Cahier des charges

- **Objet :**

Projet de fin d'études, s'engageant dans la formation des élèves de la 5ème année génie des Systèmes de Télécommunication & Réseaux de l'Ecole Nationale des Sciences Appliquées de Tanger pour l'obtention du diplôme d'ingénieur.

- **Maître d'œuvre :**

-Almorabeti Soumaya, élève ingénieur de la 5ème année génie des systèmes de télécommunication & réseaux

- Encadrant professionnel: Mme .CHAARA Imane

- Encadrant pédagogique : Mr .BADIR Hassan

- **Maître d'ouvrage :**

Cires Télécom, représentée par son Directeur :Mr. MOUKHLISS Noureddine.

- **Objectif :**

Contribution à la préparation d'un environnement Cloud adéquat pour l'intégration d'un nouveau service pour le compte de Cires Télécom, qui a comme perspective de devenir un fournisseur du Cloud IaaS.

- **Tâches :**

Notre mission durant ce projet couvre un ensemble de tâches, qui se résument dans les points suivants :

- ✓ Etude bibliographique et état de l'art sur le Cloud Computing afin d'acquérir des connaissances, touchant les différents aspects de base de ce domaine.

- ✓ Benchmarking sur le marché du Cloud.

- ✓ Spécification de différents éléments de la couche IaaS dans le but de définir et préparer une infrastructure physique convenable pour le Cloud IaaS.
- ✓ Conception et proposition d'une architecture technique d'IaaS.
- ✓ Spécification du matériel requis pour l'infrastructure Cloud.
- ✓ Benchmarking sur les plateformes libres de gestion du Cloud IaaS, dominantes sur le marché.
- ✓ Spécification des besoins et choix de la plateforme la plus appropriée qui répond mieux aux objectifs du projet.
- ✓ Etude détaillée de la solution proposée, présentation et description de ses composants et leurs fonctionnalités.
- ✓ Dépoilement (installation& configuration)de la plateforme choisie, simulation et test de ses fonctionnalités.
- ✓ Conception et développement d'une application web dynamique avec le langage PHP, permettant la commercialisation de futures offres IaaS de Cires Télécom.

4. Planification du projet

Chaque projet a un cycle de vie composé d'étapes à franchir. La conduite du projet réside parmi les démarches les plus importantes qui consistent à ordonnancer ces étapes en mettant le point sur leur état d'avancement.

Pour le bon déroulement de ce stage, nous avons jugé utile de dresser un diagramme de Gantt afin de suivre l'état d'avancement de notre projet, et pour mieux respecter le délai que nous disposons et accomplir les tâches demandées .

Le diagramme de Gantt présenté dans la figure 2décrit le déroulement de ce projet de fin d'études et les différentes phases de sa réalisation.

Conclusion

Ce chapitre introductif a été consacré essentiellement à la présentation de l'environnement de stage en mettant en exergue l'organisme d'accueil et en mettant l'accent sur le contexte général du projet ainsi que sa planification

Avant d'entamer les différentes phases qui vont nous permettre de mener à bien le projet, il serait judicieux de commencer tout d'abord par une étude théorique du Cloud Computing dont la connaissance semble indispensable à la maitrise du projet.

L'état de l'art sur le Cloud Computing fera donc l'objet du chapitre suivant.

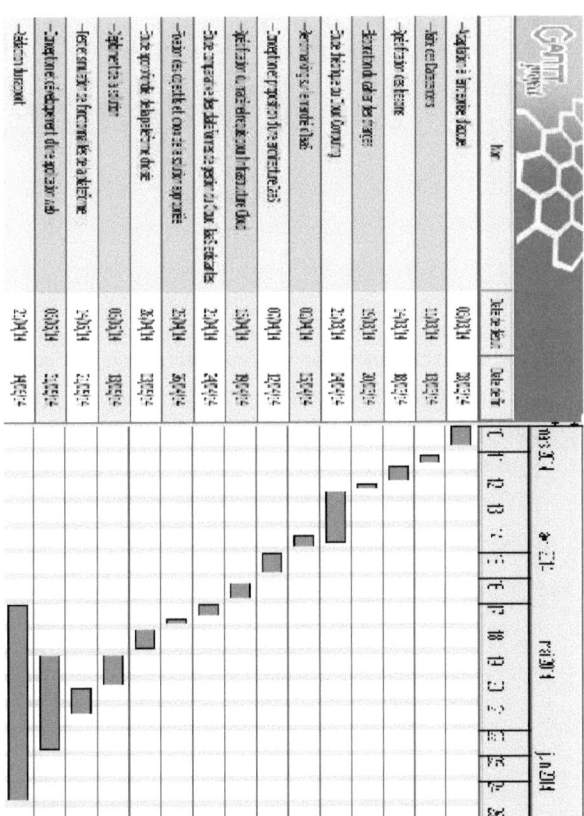

Figure 2 : Diagramme de Gantt

Chapitre II

Etat de l'art sur le Cloud Computing

Dans ce chapitre nous allons mettre en œuvre le concept du Cloud Computing en abordant son principe, ses caractéristiques, ses services, ses types, ses atouts, ses limites et ses acteurs. En outre, nous allons présenter particulièrement un extrait des solutions open sources d'IaaS les plus connues et répondues sur le marché.

I. Généralités sur le Cloud Computing

1. Présentation du Cloud Computing

1.1. Définition

Le Cloud Computing se traduit littéralement par « informatique dans le nuage », il est connu aussi sous le nom de « infonuagique » ou encore « informatique dématérialisée ».La notion du Cloud fait référence à un nuage qui est utilisé souvent dans les schémas techniques et dans les diagrammes des réseaux informatiques pour représenter l'Internet. Et dans ce contexte, le nuage signifie que les services informatiques sont hébergés par un fournisseur sur Internet.

En effet, il n'existe pas une définition exacte du Cloud Computing, mais plusieurs définitions ont été circulées, parmi lesquelles nous citons :

- **NIST :**

« Le Cloud Computing est un modèle qui permet un accès réseau à la demande et pratique à un pool partagé de ressources informatiques configurables telles que (réseaux, serveurs, stockage et applications) qui peuvent être rapidement mises à disposition des utilisateurs ou libérées avec un effort minimum de gestion ou d'interaction avec le fournisseur de services» [1].

- **Wikipedia :**

« Le Cloud Computing est un concept qui consiste à déporter sur des serveurs distants des traitements informatiques traditionnellement localisés sur le poste client de l'utilisateur »[2].

- **CISCO :**

«Le Cloud Computing est une plateforme de mutualisation informatique fournissant aux entreprises des services à la demande avec l'illusion d'une infinité des ressources» [3].

D'une manière plus générale, le Cloud Computing est un modèle informatique qui permet aux utilisateurs et aux entreprises un accès facile, à distance et à la demande à un ensemble de ressources informatiques (serveurs, stockage, applications, logiciels) via un réseau (internet ou réseau privé VPN). C'est un concept qui consiste à proposer des ressources informatiques sous forme des services à la demande, accessibles n'importe où et n'importe quand.

Il est important de noter que lorsque nous parlons du Cloud Computing, nous ne parlons pas d'une technologie nouvelle, mais plutôt d'une nouvelle façon de présenter des technologies qui existaient auparavant.

En effet, il est communément admis que le concept de Cloud Computing est une nouvelle façon de délivrer les ressources informatiques fournies en tant que service, et non pas une nouvelle technologie.

Il est considéré comme la cinquième génération de l'informatique, il provient d'une évolution de certaines technologies existantes telles que le mainframe(1970), le modèle client-serveur(1980), Internet(1990) et les services web et SOA(2000) [4].

1.2. Caractéristiques

Le Cloud Computing se distingue par les cinq caractéristiques essentielles suivantes :

- **Libre-service à la demande et à distance**

L'utilisateur du Cloud Computing peut allouer les ressources et les services du Cloud lui-même lorsqu'il veut selon ses besoins sans interaction avec le fournisseur.

Les utilisateurs du Cloud Computing ne sont pas propriétaires des ressources informatiques qu'ils utilisent et ils ne connaissent pas l'emplacement physique de ces ressources. Ces dernières sont localisées dans des Datacenters chez les fournisseurs du Cloud Computing.

- **Élasticité**

La capacité de stockage et la puissance de calcul des ressources peuvent être augmentées ou diminuées et elles sont adaptées automatiquement et rapidement à la demande des utilisateurs en fonction de leurs besoins.

- **Paiement et facturation à l'usage**

Leservice du Cloud Computing est mesuré etfacturé par exemple en fonction de la durée, l'espace de stockage, la quantité de ressources utilisées, le nombre d'utilisateurs et la bande passante. Donc l'utilisateur ne paye que pour ce qu'il consomme et il est très facile pour lui d'arrêter un service du Cloud Computing s'il n'en a plus besoin et quand il veut.

- **Accès rapide via un réseau**

Les services du Cloud Computing sont fournis via l'Internet ou un réseau privé VPN grâce à des mécanismes standards, généralement des protocoles Web et ils sont accessibles n'importe où, n'importe quand et depuis n'importe quel périphérique (PC, Mac, Tablette, SmartPhone...).

- **Mutualisation**

Les ressources telles que la bande passante du réseau, machines virtuelles, mémoire, puissance de traitement, capacité de stockage sont mises en commun pour desservir plusieurs clients. En fait, les ressources sont partagées par plusieurs utilisateurs et entreprises et elles sont affectées dynamiquement et réaffectées en fonction de leurs besoins. Autrement dit, une fois les ressources sont libérées par un utilisateur, d'autres clients peuvent les utiliser.

Nous notons que c'est le fournisseur qui mutualise les ressources grâce à la virtualisation de ses serveurs, de son réseau (infrastructure et liaisons) et de ses capacités de stockage (SAN, NAS).

2. Notions fondamentales

2.1. Datacenter

Pour fournir et gérer les services du Cloud Computing, les fournisseurs doivent installer sur des emplacements géographiques stratégiques des centres de calcul et de stockage illimités : les Datacenters.

Un Datacenter ou un centre de traitement de données est un site physique sur lequel se trouvent des équipements constituants du système d'information d'une entreprise (serveurs, baies de stockage, équipements réseaux et de télécommunications).

Il représente une infrastructure immobilière et technique comprend en général un contrôle sur l'environnement (climatisation, système de prévention contre l'incendie, un système de refroidissement), une alimentation d'urgence et redondante, ainsi qu'une sécurité physique élevée et un accès haut débit. Cette infrastructure peut être propre à une entreprise et utilisée par elle seule ou à des fins commerciales. Ainsi, des particuliers ou des entreprises peuvent venir y stocker leurs données suivant des modalités bien définies.

La figure 3 montre un exemple d'une modélisation générale d'un Datacenter :

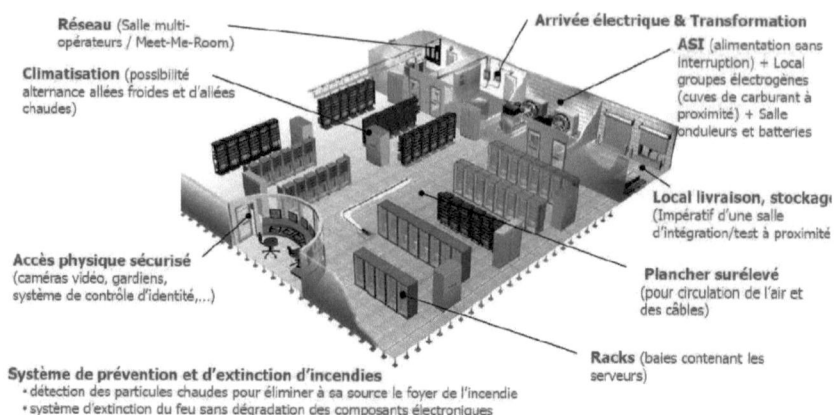

Figure 3 : Modélisation d'un Datacenter [4]

2.2. Virtualisation

La virtualisation permet de fournir les ressources nécessaires au support des applications du Cloud. En fait, la mise en place d'une infrastructure virtualisée est la première étape de la création d'un Cloud.

La virtualisation représente un ensemble de techniques matérielles et logicielles qui permettent de faire fonctionner plusieurs systèmes d'exploitation sur une même machine physique et autorisent l'exécution de plusieurs applications indépendantes sur un même serveur. Donc il s'agit d'une technologie qui partitionne une machine physique en plusieurs machines virtuelles partageant les ressources (processeur, disque dure, RAM) de la machine physique .La panne d'une machine virtuelle n'a aucune répercussion globale, car elles sont isolées les unes des autres.

Pour bénéficier de cette technologie, il suffit d'équiper une machine physique d'une plateforme de virtualisation permettant d'ajouter la couche de virtualisation, appelée hyperviseur.

Dans le domaine de virtualisation, nous utilisons souvent les notions suivantes :

- **Hyperviseur :** la couche de virtualisation qui masque les ressources physiques d'un équipement matériel .Son rôle consiste à exposer aux machines hébergées un matériel virtuel (CPU, mémoire, RAM), ainsi qu'à en contrôler les performances.
- **OS hôte :** le système d'exploitation installé sur la machine physique.
- **OS invité :** les systèmes d'exploitation des machines virtuelles.
- **Machines virtuelles :** Une machine virtuelle se compose de plusieurs types de fichiers qui peuvent être stocké sur un disque du serveur. Les fichiers clés qui constituent une machine virtuelle sont les suivants : le fichier de configuration, le fichier de disque virtuel, le fichier de configuration NVRAM et le fichier journal.

3. Services du Cloud Computing

Le Cloud Computing permet aux entreprises de consommer des services à la demande. Ces services s'organisent en trois niveaux successifs : le niveau infrastructure (IaaS), le niveau plateforme (PaaS) et le niveau application (SaaS) comme il est indiqué dans la figure

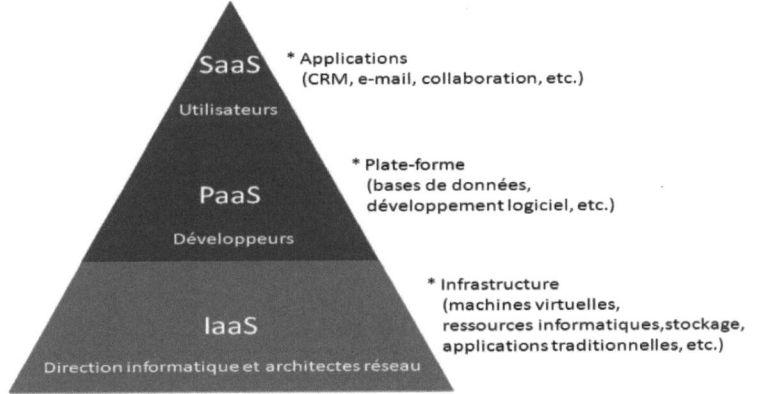

Figure 4 : Différentes couches des services du Cloud Computing[5]

Apparemment le service IaaS cible les architectes réseaux et les directions informatiques, le PaaS est destiné aux développeurs d'applications et finalement le service SaaS est le produit final pour les utilisateurs.

3.1. Service IaaS

L'IaaS ou l'infrastructure en tant que service permet aux entreprises de disposer à la demande d'une infrastructure matérielle virtuelle (les serveurs virtuels, les réseaux (routeurs et commutateurs), les espaces de stockage, les machines virtuelles et les systèmes d'exploitation) qui est localisée physiquement à distance dans des Datacenters chez le prestataire du service. Donc les entreprises exploitent le matériel comme un service à distance et à la demande.

L'IaaS offre une grande flexibilité avec une administration à distance et permet aux entreprises de s'affranchir complètement de l'achat et de la gestion du matériel physique (coûts de gestion, remplacement de matériel, climatisation, électricité….), ce qui les aide énormément à se concentrer en premier sur leurs processus métiers sans se préoccuper du matériel.

3.2. Service PaaS

Le PaaS ou la plateforme en tant que service assure un environnement d'exécution en ligne qui fournit spécialement aux développeurs des plateformes(bases de données, serveurs d'applications comme Apache Tomcat)sur lesquelles ils peuvent développer, tester, déployer et héberger leurs applications web via l'Internet.

Ce service évite donc aux développeurs et les entreprises d'acheter, d'installer et de gérer par exemple les logiciels, les middlewares et les bases de données. En contrepartie, il les aide à se concentrer sur la partie développement des applications.

3.3. Services SaaS

Le SaaS ou le logiciel en tant que service permet aux entreprises d'accéder par le biais d'une interface via l'internet aux différentes applications allant du CRM à la gestion des ressources humaines ,comptabilité ,messagerie et d'autres applications métiers selon leurs besoins.

Les fournisseurs de service SaaS loue donc aux entreprises des applications en tant que service à la demande au lieu de leur facturer la licence des logiciels. De cette façon, les utilisateurs finaux n'ont plus besoin d'installer et de gérer les logiciel et ils ne se soucient ni de la plateforme ni du matériel.Le déploiement, la maintenance, la supervision du bon fonctionnement de l'application et la sauvegarde des données, sont alors de la responsabilité du fournisseur de services.

3.4. Synthèse

Le Cloud Computing est donc la convergence de différents services SaaS, PaaS et IaaS.

Ces services ont été conçus notamment pour aider les entreprises à réaliser des économies et à simplifier le système d'information en leur offrant la flexibilité et l'agilité dont elles ont besoin pour prospérer.

L'infrastructure en tant que service IaaS offre une base matérielle à la plateforme en tant que service PaaS. Cette dernière fournit une base de développement d'applications au logiciel en tant que service SaaS.

Par rapport au modèle classique client-serveur, où le client gère lui-même les différentes couches de sa solution logicielle, le Cloud Computing permet de confier certaines couches du modèle au prestataire Cloud, en fonction du niveau de service demandé par le client.

La figure 5 montre la répartition des responsabilités entre les fournisseurs et les clients en fonction du service du Cloud utilisé :

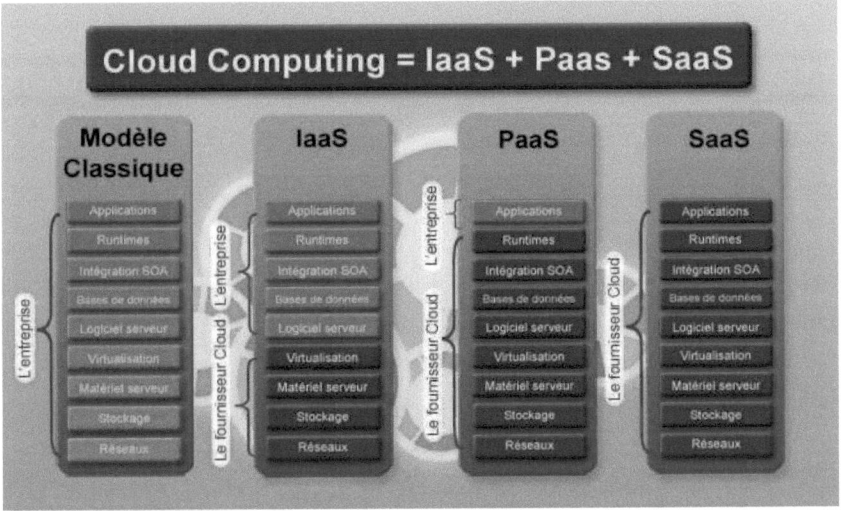

Figure 5 : Répartition de la responsabilité en fonction du service du Cloud[6]

Nous remarquons donc que :

- Le client délègue tous les services au prestataire Cloud avec le SaaS.
- Le client délègue la gestion des machines et des environnements de développement tout en conservant la maîtrise de la conception des applications avec le service PaaS.
- Le client ne délègue au fournisseur que la gestion du matériel informatique avec le service IaaS.

Il est important de signaler que les fournisseurs garantissent la disponibilité de services du Cloud à travers des contrats SLA qui définissent la qualité de service requise et le détail des prestations entre un prestataire et un client.

4. Types du Cloud Computing

Selon les besoins des entreprises et des utilisateurs, il existe quatre types principaux du Cloud Computing, à savoir : le Cloud public, le Cloud privé, le Cloud hybride et le Cloud communautaire.

4.1. Cloud public

Comme son nom l'indique, le Cloud public est mis à la disposition du public et il est géré par un fournisseur. Son infrastructure est partagée entre un nombre illimité des utilisateurs (individuels ou entreprises) et elle est hébergée dans n'importe quel Datacenter du prestataire du Cloud. Nous notons que ce type du Cloud est accessible via l'Internet.

4.2. Cloud privé

Le Cloud privé est au contraire mis à la disposition d'un seul client et exploité par une seule entreprise et déployé en son sein. Il est accessible via un réseau virtuel sécurisé VPN. Il peut être géré par l'entreprise elle-même ou par un prestataire externe .En fait, les ressources du Cloud privé peuvent être hébergées à l'intérieur du pare-feu de l'entreprise ou par le site d'hébergement d'un fournisseur de services du Cloud.

On distingue le Cloud privé interne, utilisé par une entreprise pour satisfaire ses propres besoins et administré en interne par elle-même. Il y a aussi le Cloud privé externe, destiné à satisfaire les besoins propres d'une entreprise cliente. Sa gestion est confiée à un prestataire extérieur de confiance.

4.3. Cloud hybride

Le Cloud hybride combine le Cloud public et privé. Il donne aux entreprises la possibilité d'adopter le Cloud privé pour des applications et des données critiques ou très spécifiques et le Cloud public pour les applications moins risquées.

L'infrastructure d'un nuage hybride est une composition de deux types du Cloud précédemment cités.

Ces derniers restent des entités indépendantes à part entière, mais sont reliées par des standards qui permettent la portabilité des applications déployées sur les différents nuages.

4.4. Cloud communautaire

Le Cloud communautaire est utilisé par plusieurs organisations partageant des intérêts communs et ayant des préoccupations similaires.

Ces organisations prennent en charge les exigences spécifiques d'une communauté, comme la sécurité et la conformité. Ce type de Cloud peut être géré par des organisations membres oupar un prestataire externe.

5. Atouts et limites

5.1. Atouts

Le Cloud présente de nombreux avantages, à savoir :

- **Réduction de coût**

L'utilisation de Cloud Computing permet de diminuer considérablement les coûts associés à l'achat, l'installation et la gestion du matériel. Grâce aux services du Cloud Coputing , les entreprises n'ont plus besoin d'investir sur l'achat d'équipements et des matériels qui sont pour la plupart du temps onéreux .

- **Amélioration de l'agilité de l'entreprise**

Le Cloud Computing accélère et simplifie le provisionnement et la réallocation des ressources de l'infrastructure informatique. Selon leurs besoins, les entreprises peuvent mettre en œuvre de nouvelles applications ou modifier la structure de l'infrastructure, ou encore augmenter ou réduire l'utilisation des ressources.

- **Mobilité**

Les utilisateurs de Cloud peuvent accéder et se connecter à leurs applications à tout moment et dans n'importe quel endroit à partir de n'importe quel terminal disposant d'une connexion Internet et d'un navigateur.

- **Liberté totale**

L'utilisateur du Cloud n'est lié à un fournisseur par aucun engagement à long terme. Les services du Cloud Computing sont facturés à la demande (par heure, par mois). Le client peut arrêter le service quand il veut.

5.2. Limites

Comme toute technologie, le Cloud Computing présente aussi quelques limites, parmi les plus probants nous citons :

- **Problème de sécurité**

Le principal inconvénient reste la confidentialité et la sécurité de données mises sur le nuage. En effet, les données en Cloud sont hébergées en dehors de l'entreprise cliente. Ceci peut donc poser un risque potentiel fort pour l'entreprise si ses données sont mal utilisées ou volées. C'est actuellement le problème majeur du Cloud Computing public.

Il est important de noter qu'un utilisateur peut oublier de se déconnecter sur un appareil accessible par des éléments externes à l'organisation. Il faut donc dans ce cas prévoir une double authentification.

- **Problème de connexion**

L'accès au Cloud passe nécessairement par une connexion Internet. Par conséquent, si la connexion est coupée ou le débit est faible, les utilisateurs du Cloud ne peuvent plus accéder à leurs données et applications.

Nous avons essayé de donner un éclairage pragmatique des bienfaits et des inconvénients du Cloud Computing .Cette technologie en plein essor permet aux entreprises de disposer d'infrastructures et de progiciels directement en ligne sur Internet.

II. Marché du Cloud Computing

Les plus grands fournisseurs mondiaux qui offrent des solutions du Cloud Computing public sont : Microsoft, Amazon, OVH, Google et SalesForce. Ces fournisseurs peuvent offrir aussi des services du Cloud privé, mais généralement toute entreprise publique ou privée peut mettre sur pied son propre Cloud privé sans recours à un autre fournisseur. Nous allons présenter par la suite les trois grandes catégories des acteurs du Cloud.

1. Fournisseurs d'IaaS

Il s'agit des sociétés mettant à la disposition du marché des ressources d'infrastructure mutualisées et localisées dans des Datacenters distants telles que des ressources de stockage et de calcul. Dans cette catégorie, on recense notamment des acteurs comme : Amazon, OVH et Google.

- **Amazon**

Amazon est une entreprise américaine qui a été la première à proposer une plateforme du Cloud Computing avec l'offre Amazon Web Services qui propose les services IaaS suivants :

-Amazon Elastic Compute Cloud (EC2) : il fournit un stockage basé sur les services Web et permet aux clients de louer des serveurs à la demande.
- Amazon Simple Storage Service (S3): offre une simple interface de services web à utiliser pour stocker de données sur le web.

Le fournisseur Amazon exploite quatorze Datacenter : huit aux États-Unis, quatre en Europe, et deux en Asie. Et il dispose de 450000 serveurs.

- **OVH**

OVH est une société française qui propose le meilleur des infrastructures dans le monde. Elle se positionne comme le premier hébergeur européen.

Elle propose des serveurs privés dédiés, des ressourcesde stockage, des ressources de bande passante, des ressources, de CPU et de RAM.

Le fournisseur OVH est le premier partenaire au niveau mondial de VMware. Il est expert des infrastructures du Cloud Computing et plus précisément dans la conception de Datacenters virtuels à haute économie d'énergie. Son but est de proposer aux clients le meilleur du Cloud sécurisé aux ressources garanties et ce au meilleur rapport coût / performances du marché. Parmi ses offres IaaS, nous citons :

- HubiC : propose aux clients un espace de stockage et de partage de documents (photos, vidéos, musiques...), qui sont hébergées et répliquées dans trois Datacenters implantés en France. Ceci pour garantir une disponibilité maximale de données.

-vSphere as a Service : assure des infrastructures Cloud dédiées avec haut disponibilité. C'est une offre couplant la licence VMware vSphere ainsi qu'un ensemble de serveurs (hosts) et baies de disques (datastores).

Nous notons qu'OVH est le fournisseur qui a le plus grand nombre de clients du Cloud actuellement dans le monde presque 8millions clients. Il dispose de quatorze Datacenters et de 160 000 serveurs [7].

- **Google**

L'offre IaaS de Google la plus connue est Google Drive. En fait, Google Drive est un service de stockage et de partage de fichiers dans le Cloud qui permet aux utilisateurs de stocker, partager, modifier et visualiser différents types de fichiers, et de les synchroniser à distance avec des terminaux fixes (PC, Mac) ou mobiles.

Le fournisseur Google dispose de trente-six Datacenters implémentés principalement aux États-Unis et en Europe .Il a plus de 1000000 serveurs [7].

2. Fournisseurs de PaaS

Il s'agit des sociétés spécialisées dans la fourniture d'environnements middleware et de plateformes de développement en mode Cloud. Nous citons des acteurs comme Salesforce.com et Microsoft.

- **Salseforce**

Salseforce est un éditeur de logiciels, basé à San Francisco aux États-Unis. Il distribue des logiciels de gestion basés sur Internet et héberge des applications d'entreprises. L'offre principale de Salesforce pour le service PaaS est Force.com.

Force.com permet de créer des applications d'entreprises hébergées sur le web et ne nécessitant aucun logiciels ni matériels. Grâce à cette plateforme, toute entreprise peut créer son site web et ses propres applications pour diverses fonctions comme les ressources humaines, la gestion de projet, la logistique et la planification des ressources d'entreprise.

- **Microsoft**

Windows Azure de Microsoft offre aux développeurs une plateforme ouverte et flexible permettant d'héberger, de déployer et de tester des applications avec un haut niveau de disponibilité .Cette offre comprend notamment :

-Azure Compute : hébergement d'applications ASP.NET ou batches .NET .
-SQL Azure : base de données relationnelle (SQL Server) scalable dans le Cloud.

3. Fournisseurs de SaaS

Les deux principaux fournisseurs qui dominent le marché de SaaS sont : Google avec l'offre Google Apps et Micrsoft avec l'offre office 365.

- **Google Apps**

Google Apps est un service externalisé de messagerie collaborative comprenant un serveur de messagerie, une suite bureautique. Les principales applications en ligne incluses dans Google Apps sont Gmail (messagerie), Gtalk(messagerie instantanée),Google Agenda , Google Documents et Google Sites (intranet). Il existe différentes versions de Google Apps :

-Google Apps for Education : version proposée gratuitement aux écoles et aux universités.
- Google Apps for Business : version professionnelle et payante de Google Apps.

- **Microsoft Office 365**

La solution Microsoft Office 365 offre aux entreprises des applications de communication et de collaboration en ligne regroupant :

-Office Professionnel Plus 2010 : permet aux entreprises clientes de bénéficier de la messagerie électronique, la messagerie vocale, le réseau social d'entreprise, la messagerie instantanée, les portails Web, les extranets, la vidéoconférence et la téléconférence et de la conférence Web.

-Microsoft Lync Online : offre aux entreprises des solutions de communication en ligne comme Microsoft Office Live Meeting et Microsoft Office Communications Online.

III. Benchmarking sur les plateformes open source d'IaaS

Depuis ces dernières années, plusieurs projets autour du Cloud Computing ont vu le jour et donné naissance à autant de plateformes d'administration et de gestion du Cloud IaaS.

En effet, les solutions les plus utilisées et répondues sur le marché d'après un benchmarking que nous avons effectué sur les différentes plateformes open source de gestion du Cloud IaaS, sont : OpenNebula, Eucalyptus, et OpenStack. Nous nous sommes basés sur les résultats de dernières statistiques faites concernant ce domaine, les informations existantes dans les sites officiels de plateformes libres et les points de vue mentionnés dans les forums de discussion.

Dans cette partie, nous allons présenter brièvement un bilan comparatif entre ces trois solutions IaaS en se basant sur certains critères.

1. Présentation des solutions

1.1. Eucalyptus

Eucalyptus est une plateforme open source de gestion du Cloud Computing qui a été développée par une équipe de chercheurs de l'université de Californie, Santa Barbara en 2007. Elle permet d'exécuter des VM dans un IaaS virtualisé. Cette plateforme prend en compte des IaaS munis des systèmes de virtualisation Xen, kvm et elle est implémentée sur la plupart des OS de type Linux. Elle associe à chaque niveau d'IaaS un composant précis.

Une configuration du Cloud fondée sur Eucalyptus se compose de cinq composants principaux :

- **Contrôleur de nœud (NC)**

Le rôle du nœud est d'héberger le KVM, il sert ainsi d'hyperviseur pour les machines virtuelles (instances) qui sont déployées. Le contrôleur de nœud fonctionne sur chaque nœud et il est chargé de vérifier le cycle de vie des instances en cours d'exécution sur le nœud.

- **Contrôleur de cluster (CC)**

Ce contrôleur sert à gérer les différents contrôleurs des nœuds. Il sert également à gérer la mise en place du réseau entre les instances des différents nœuds et communique l'ensemble des informations au contrôleur du Cloud.

- **Contrôleur du Cloud (CLC)**

C'est un programme Java offrant une interface de gestion et de contrôle de la disponibilité et de l'utilisation des ressources dans le Cloud.

C'est l'unique point d'entrée pour tous les utilisateurs et les administrateurs. Il donne la possibilité aux utilisateurs de gérer certains aspects de l'infrastructure via une interface Web.

- **Walrus**

C'est le composant qui gère l'accès aux services de stockage. En fait, Walrus peut être considéré comme un simple système de stockage de fichiers.

- **Contrôleur de stockage (SC)**

Ce contrôleur fournit un service de stockage persistant pour les instances. Il permet de stocker les images des machines virtuelles et les données des utilisateurs.

1.2. OpenNebula

OpenNebula voit le jour en 2005 à l'université Complutense de Madrid dans le cadre du projet européen open source RESERVOIR, mais sa première version a été livréeen 2008. Son objectif dans le cadre de ce projet est l'administration des IaaS virtualisés. Il est capable de prendre en compte simultanément dans l'IaaS des hyperviseurs Xen, kvm et VMware et il est spécialement dédié pour le Cloud privé.

Les composants d'OpenNebula peuvent être divisés en trois couches :

- **Tools** : c'est l'ensemble des outils de gestion pour OpenNebula.
- **Core:** il se compose d'un ensemble de composants pour contrôler les machines virtuelles, le stockage et le réseau virtuel.
- **Drivers** : l'interaction entre OpenNebula et l'infrastructure de Cloud est effectuée par des pilotes spécifiques qui sont les drivers.

1.3. OpenStack

OpenStack est un projet open source du Cloud (IaaS) privé et public. Il est développé par la NASA et Rackspace en juillet 2010. Ce dernier est composé de sept modules principaux :

- **Nova :** gère le cycle de vie des instances de virtuelles machines.
- **Swift :** permet de gérer et de stocker une large capacité de données dans le Cloud avec une redondance pour assurer la tolérance aux pannes.
- **Glance :** est un système de gestion d'images de machines virtuelles.
- **Horizon :** fournit aux administrateurs et aux utilisateurs une interface graphique pour accès aux différents services.
- **Keystone :** fournit un service d'authentification pour d'autres services OpenStack.
- **Cinder :** fournit les volumes (disques) de stockage pour les instances de machines virtuelles.
- **Neutron :** gère le réseau virtuel au sein d'OpenStack.

2. Bilan comparatif

Nous avons étudié trois plateformes libres de gestion du Cloud IaaS :OpenNebula, Eucalyptus, et OpenStack et nous avons relevé les principaux critères à partir desquels nous avons pu dégager une comparaison entre ces trois solutions. Nous présentons ces critères dans le tableau1.

3. Synthèse

Openstack est un projet encore jeune montrant des possibilités évolutives par sa conception modulaire et son architecture extensible. C'est le dernier projet qui vient de rayonner surtout dans le monde de l'open source IaaS, intégrant des fonctionnalités très riches. Cette solution appartient à une communauté active et supportée par les leaders du domaine du Cloud Computing, ce qui nous amène à penser qu'elle peut devenir la référence des solutions libres du Cloud IaaS.

Dans ce qui précède, nous avons présenté quelques solutions de gestion du Cloud IaaS les répondues sur le marché et demandées par les utilisateurs du domaine. L'objectif était de comparer ces plateformes afin de choisir sainement la solution la plus adéquate qui satisfera le besoin du projet.

Conclusion

Ce chapitre a été essentiellement consacré à l'étude théorique qui est indispensable pour l'étude d'une technologie telle que le Cloud Computing. Nous avons rassemblé toutes les informations nécessaires pour la compréhension et la maîtrise de cette technologie.

Critère	OpenNebula.org [7]	Eucalyptus [8]	openstack [9]
Code source	Apache v2.0	GPL v3	Apache v2.0
Orientation	Cloud privé pur	Cloud privé et public	Cloud privé et public
Architecture	Trois composants	Cinq composants	En évolution active Sept composants
Hyperviseurs supportés	Xen, KVM et VM ware	Xen, KVM	Xen, KVM, LXC, VirtualBox et VMware
Systèmes d'exploitation supportés	Linux (Ubuntu, RedHat Entreprise linux, Fedora et Suse Linux Entreprise Server)	Linux (Ubuntu, Fedora, CentOS et Debian)	Linux (Ubuntu, CentOS, Fedora, Debian et RedHat Entreprise linux) et Windows Exige processeur 64 bits
Langage de programmation	Java, C++	Java, C, et Python	Python, Shell scripts
Documentation	Peu de documentation et pas toujours à jour	Correcte et complète mais pas toujours à jour	Documentation officielle complète et toujours à jour avec références de tous les fichiers de configuration
Communauté	Petite et peu active	Peu active, peu de chercheurs disponibles pour répondre aux problèmes	Forte et large extrêmement active ne cesse de grandir et elle est toujours prête à répondre aux questions

Tableau 1 : Bilan comparatif de trois plateformes libres du Cloud IaaS

Chapitre III

Etude préliminaire de Prérequis du projet

A travers ce chapitre, nous allons présenter dans une première partie, le Datacenter visé par ce projet et les éléments constitutifs de la couche IaaS du Cloud. Ainsi, nous allons concevoir et proposer une architecture IaaS sur base de certains critères. Dans une deuxième partie, nous allons déterminer les spécifications fonctionnelles et non fonctionnelles auxquelles doit obéir la plateforme que nous allons choisir pour la gestion de notre future infrastructure Cloud. Et dans une troisième partie, nous nous attarderons sur la description des fonctionnalités de la plateforme choisie, son architecture et ses différents composants.

I. Conception de notre propre architecture IaaS

Cires Télécom dispose de trois Datacenters :

- Datacenter TFZ localisé à la zone franche de Tanger.
- Datacenter TMED1 et TMED2 localisés à Tanger Med.

Ces trois Datacenters hébergent les équipements informatiques de ses entreprises clientes, tout en leur assurant un très haut niveau de sécurité. Mais, ils ne disposent pas encore d'une infrastructure Cloud.

Pour devenir un fournisseur de service IaaS, Cires doit donc tout d'abord concevoir et préparer une infrastructure matérielle dédiée pour le Cloud pour le Datacenter TMED2 visé premièrement par ce projet.

1. Présentation de Datacenter TMED2

Le Datacenter TMED2 est construit, aménagé et géré au respect des normes Tiers III[*]. Il a fait l'objet d'audit de bureau d'études et de cabinets spécialisés dans le domaine d'hébergement des solutions informatiques à haute exigences de disponibilité.

1.1. Locaux du Datacenter

Le bâtiment du Datacenter TMED2 est composé des locaux suivants : [10]

- **Local Poste Transfo :** Ce local comprend le TGBT (Tableau Général Basse Tension) qui effectue la transformation de la moyenne tension en basse tension et alimente le Datacenter. Il représente la première barrière de protection électrique du bâtiment.
- **Local onduleur :** Ce local héberge deux onduleurs qui ont pour but de fournir, en cas de panne, une alimentation électrique de secours pour l'ensemble de l'édifice.
- **Local Groupe Electrogène :** Il héberge le groupe électrogène fournissant l'électricité à l'ensemble de l'installation en cas de coupure du secteur.

- **Local d'interconnexion Opérateurs :** Il est composé de quatre sections séparées dont chacune est dédiée à un opérateur. Trois hébergent les opérateurs IAM, Meditel, INWI et une quatrième est réservée pour cires Télécom.
Ce local sert pour l'hébergement des équipements des opérateurs et desservir le Datacenter par les liaisons WAN.
- **Local de Zone d'hébergement:** c'est une salle d'hébergement dédiée et complètement isolée aux clients qui permet d'accueillir des équipements comme des serveurs d'une superficie de 180 m2.

[*] La classe III des Datacenter qui représente l'aspect de maintenance préventive sur tous les composants, ainsi que sur les chemins de distribution qui permet de ne jamais arrêter le data center pour des raisons de maintenance. Elle offre un taux de disponibilité de 99,982%.

1.2. Description des installations du zone d'hébergement

- **Système de climatisation :**

La salle d'hébergement est climatisée par six armoires de la marque EMICON installées en redondance. Les armoires sont dotées d'un système de contrôle et de supervision et régulation de l'humidité, il permet d'afficher le niveau d'hygrométrie et le paramétrage du niveau souhaité.

- **Système anti –incendie :**

La protection de la salle d'hébergement contre le risque de feu est assurée par une centrale de détection/extinction d'incendie, de marque Aguillera Electronica. La centrale communique avec des détecteurs optiques de fumées placés dans le plafond et sous le faux plancher et des détecteurs précoces de fumée LaserFocus. Ce second type de détecteurs permet de détecter les feux couvant très rapidement grâce à sa très haute sensibilité. L'extinction est faite par l'agent FM200 qui est un gaz neutre et sans danger pour la santé. Ce système garantit une extinction en moins de 15 secondes après le déclenchement de l'alerte.

- **Système de sécurité :**

L'ensemble des zones d'accès au bâtiment DataCenter, ainsi que tous les accès à la salle d'hébergement sont sécurisés par un système de vidéo surveillance et de contrôle d'accès de marque CDV à base d'identification par badge et biométrie. Le système de sécurité est composé de 5 caméras : 3 à l'extérieur, et deux à l'intérieur de la salle d'hébergement. L'enregistrement vidéo des cinq caméras est effectué 24/24, 7/7.

- **Onduleurs (UPS) :**

Le DataCenter est doté de deux onduleurs d'une puissance (2X200KVA) desservant le courant ondulé à la salle d'hébergement et ce via deux tableaux électriques en triphasé et par deux chemins de câbles indépendants et redondés. Le but de cette infrastructure est d'assurer, suite à un incident, une alimentation électrique à tous les éléments critiques de la salle d'hébergement par l'arrivée des boitiers d'alimentation – monophasés ondulés.

- **Faux-plancher :**

La salle d'hébergement est dotée d'un faux-plancher de fabrication POLYGROUP. Les dalles sont placées à une hauteur de 50 centimètres et peuvent supporter un poids de 3,7 tonnes par mètre carré. A noter que la caractéristique principale du faux plancher type M0 est sa résistance au feu vu qu'il est fabriqué complètement par des matériaux incombustibles.

- **Connectivité Fibre Optique (FO) :**

La salle d'hébergement est desservie par un réseau FO permettant à la fois d'inter- relier les baies entre elles en local et/ou l'arrivée des liaisons WAN des opérateurs. Chaque baie est connectée via 12 brins Fibre Optique en utilisant la technologie MPO. Cette Technologie permet d'optimiser l'encombrement du réseau FO.

2. Eléments constitutifs de la couche IaaS

L'infrastructure physique du Cloud est un assemblage de serveurs, d'espaces de stockage et de composants réseau organisés de manière à permettre une croissance incrémentale supérieure à celle que l'on obtient avec les infrastructures classiques. Ces composants doivent être sélectionnés pour leur capacité à répondre aux exigences d'extensibilité, d'efficacité, de robustesse et de sécurité.

La couche IaaS du Cloud Computing comprend trois parties essentielles :

- Partie réseau qui regroupe des routeurs, des switchs et des firewalls.
- Partie stockage SAN qui comprend principalement des baies.
- Partie compute qui est constituée des châssis regroupant des serveurs blades.

**Contribution à la préparation d'un environnement Cloud adéquat
pour l'intégration du service IAAS du Cloud Computing**

2.1. Partie Stockage

Le SAN est une technologie de stockage en réseau qui fournit l'espace disque rapide et fiable. C'est un réseau physique en fibre optique, il connecte l'ensemble des unités de stockages et des serveurs. Dans ce réseau, les données stockées sont routées et structurées via des commutateurs FC.

Cette technologie est basée sur le protocole Fibre Channel, qui autorise le transfert de données entre périphériques sans surcharger les serveurs.

- **Baie de stockage**

Une baie de stockage est un équipement de sauvegarde de données informatiques qui comporte principalement un ensemble de disques, permettant d'emmagasiner et de gérer de grandes quantités de données généralement à travers un réseau de stockage dite SAN.

Les baies de stockage utilisent différentes techniques d'agrégat de disques, nommées RAID qui gèrent la cohérence et la répartition des données sur plusieurs disques durs. Les disques qui existent sur le marché sont : FC, SATA, SAS mais le meilleur c'est le FC.

Les baies utilisent aussi des protocoles de stockage comme iSCSI ou FC. Mais ce dernier est le plus performant et il peut aller jusqu'à 10GB/s.

2.2. Partie Compute

- **Châssis blade**

Un châssis est un équipement qui héberge un ensemble de serveurs lames et fournit une source d'alimentation électrique unique et la climatisation pour ces serveurs en mutualisant plusieurs unités d'alimentations, assurant ainsi une redondance et permettant une tolérance aux pannes. Les connexions réseau sont incluses dans le châssis. Cela permet de connecter un serveur lame à différents supports physiques (paire torsadée ou fibre optique) et de mettre en place des configurations avancées (agrégation de ports).La figure6 illustre un exemple d'un châssis :

Figure 6: Exemple d'un châssis

Chaque châssis peut contenir un certain nombre de swichs internes .Mais généralement il intègre six switchs: quatre switchs ETH et deux switchs FC.

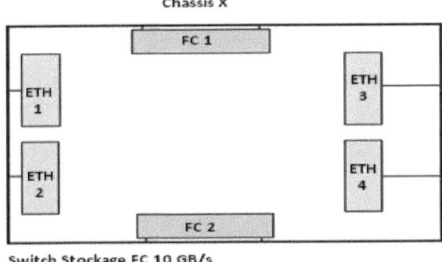

Figure 7: Vue arrière châssis

- **Serveurs blades**

Un serveur lame ou blade est un serveur de la taille d'une carte d'extension PCI, intégrant processeur, mémoire vive, interface réseau et disque dur. Il est plus compact par rapport à un serveur traditionnel, car plusieurs composants sont enlevés, étant mutualisés dans un châssis blade.Nous notons que la couche de virtualisation s'installe sur les serveurs blades, tel que chaque blade héberge un certain nombre de machines virtuelles

En effet, chaque lame à six connectiques Réseau (3 carte bi-port) :

- Une carte pour l'administration des blades : une path sur ETH 1 et l'autre sur ETH 2 de châssis.

- Une carte pour le LAN : une path sur ETH 3 et l'autre sur ETH 4.
- Une Carte pour le stockage : une path sur FC 1 et l'autre sur FC 2.

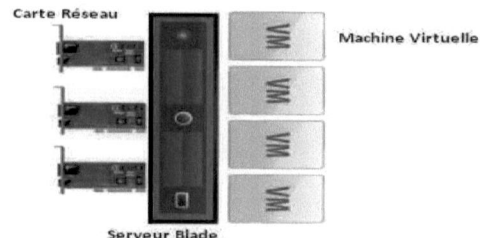

Figure 8: Représentation d'un serveur blade

D'une manière générale, les serveurs blades permettent de :

- Économiserla consommation d'énergie et le câblage d'alimentation.
- Optimiser l'espace du Datacenter.
- Traiter de gros volumes de données.

3. Critères généraux de conception

Lorsqu'il s'agit d'une architecture IaaS, il y'a trois parties primordiales que nous devons respecter lors de la conception de notre propre architecture, à savoir :

- Partie réseau qui regroupe des routeurs, des switchs et des firwalls.
- Partie stockage qui comprend des baies.
- Partie compute qui est constituée des châssis regroupant des serveurs blades.

En outre, nous devons respecter également trois critères critiques : redondance, (disponibilité de servie), performance et sécurité. Autrement dit, il faut concevoir une architecture hautement sécurisée qui assure toujours une disponibilité de service 24/24 ,7/7 et une redondance physique de sorte que les ressources qui sont requises pour le calcul, le réseau et le stockage demeurent disponibles et les données qui sont stockées dans le Cloud IaaS peuvent être récupérées facilement en cas de défaillance matérielle.

4. Architecture IaaS proposée

Lors de la conception, nous avons pris en considération les aspects et les points suivants :

- Pour bénéficier du service IaaS, les clients de Cires doivent obligatoirement se connecter via un réseau internet.
- Pour relier l'infrastructure aux réseaux du fournisseur d'accès à Internet choisi (Méditel, Inwi,IAM) ,nous avons besoin nécessairement d'un routeur. C'est lui qui fait la correspondance entre le réseau LAN et WAN.
- L'Internet présente beaucoup de failles de sécurité d'où la nécessité d'instaurer une politique de sécurité pour minimiser les risques et se protéger contre les attaques externes. Dans ce cas, nous proposons de mettre un firewall entre le réseau externe (internet) et la zone DMZ et un autre firewall entre cette dernière et le réseau interne.
- Pour consolider les réseaux de Datacenter, il est crucial d'utiliser d'une part un switch fédérateur au centre du réseau, ceci permet d'optimiser les liaisons hautes débit ainsi de diminuer le risque d'avoir des boucles. D'autre part, un autre Switch situé dans le réseau d'accès afin de permettre la communication entre les châssis et les routeurs, et la communication au sien du réseau LAN de Datacenter.
- Pour regrouper les serveurs lames dans un même endroit et optimiser les connectiques réseau, nous avons besoin d'un châssis.
- Pour consolider, gérer et protéger le stockage et le sauvegarde sur disques de grandes quantités et volumes de données, il nous faut une baie de stockage.
- Pour maintenir la haute disponibilité de l'infrastructure, tous les équipements doivent être redondants.

En se basant sur les principes cités précédemment, nous avons proposé cette architecture :

Contribution à la préparation d'un environnement Cloud adéquat pour l'intégration du service IAAS du Cloud Computing

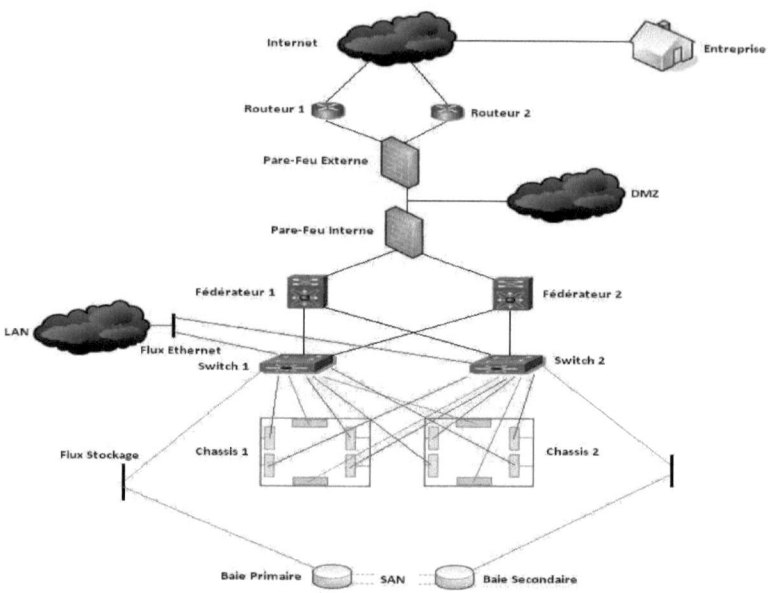

Figure 9: Architecture IaaS proposée

Nous notons que nous avons utilisé :

- Pour le flux Ethernet : câbles RG45 (représentés en bleu).
- Pour le flux stockage : câbles fibre optique (représentés en orange).
- Un switch Ethernet (bleu) pour la communication entre le serveur virtuel et le client et le deuxième pour la raison de redondance.
- Un autre switch Ethernet pour la communication entre l'administrateur système de Cires et le serveur blade et le deuxième pour la redondance.
- Un switch FC (orange) pour stocker les machines virtuelles.

II. Choix du matériel

Une fois nous avons défini notre architecture technique IaaS, nous avons passé au choix du matériel nécessaire pour chaqu'une de ses parties : réseau, stockage et calcul en tenant compte de rapport performance /prix. En fait, nous avons besoin des équipements robustes et performants capables de garantir une haute disponibilité de service IaaS et la sécurité des données afin de répondre aux besoins du projet.

Contribution à la préparation d'un environnement Cloud adéquat
pour l'intégration du service IAAS du Cloud Computing

1. Équipements de réseau

Pour le matériel réseau (routeurs et switchs), nous avons opté pour les équipements Cisco. D'une part, Cisco est le leader mondial en matière des équipements réseaux et d'autre part les membres de l'équipe sont certifiés Cisco.

- **Switchs**

D'après nos recherches, nous avons trouvé que **Cisco Nexus** est la seule gamme des commutateurs Cisco qui a été conçue spécialement pour les infrastructures physiques du Cloud des Datacenters.

Pour les deux switchs d'accès, c'est la série **CiscoNexus 2000** qui est convenable et plus précisément sa version **Cisco Nexus 2224T**. Nous notons que ce commutateur ne fonctionne qu'en association avec un switch parent de la série **Cisco Nexus 5000** et principalement la version **Cisco Nexus 5548P**. Donc nous avons choisi cette dernière pour les deux switchs fédérateurs.

- **Routeurs**

Pour les deux routeurs, nous avons choisi la gamme **Cisco 7200** et plus précisément la version **Cisco 7201**.Cette dernière est la plus convenable pour les infrastructures Cloud des Datacenters.

- **Firewalls**

En ce qui concerne les équipements firewalls, nous avons opté pour Fortinet, le spécialiste et le leader de la sécurité réseau des Datacenters.

Nous avons choisi notamment la gamme de pare-feux **FortiGate 5140B** qui constitue la clé de voûte de sécurité des infrastructures Cloud des Datacenters et qui offre la meilleure protection pour les environnements IaaS.

2. Équipements de stockage&calcul

Nous avons jugé utile de choisir les gammes IBM qui offrent des serveurs, des châssis et des baies de stockage de hautes performances à des prix optimisés et très convenables. Il est important de signaler que les membres de l'équipe sont certifiés IBM).

- **Baies de stockage**

La gamme **IBM Storwize V3700** est la principale solution de stockage d'IBM, conçue spécifiquement pour les infrastructures du Cloud .Elle intègre des technologies matérielles et logicielles les plus avancées permettant de mettre en œuvre une infrastructure de stockage efficace, performante et simple à gérer, tout en optimisant et en réduisant les coûts d'exploitation.

- **Châssis**

Nous avons choisi la gamme **IBM Flex System Enterprise Chassis**qui est vouée pour répondre aux besoins informatiques des environnements IaaS des Datacenters.

- **Serveurs lames**

Pour les serveurs blades, nous avons choisi la gamme **IBM Flex System x220 ComputeNode** qui est supportée par les châssis IBM Flex System.

Nous notons que les caractéristiques techniques de tous ces équipements répondent aux besoins du projet en termes de la compatibilité avec les infrastructures Cloud.

Concernant la spécification et la sélection des accessoires et les ressources exactes pour chaque équipement, ce sont les autres membres d'équipe qui vont s'occuper de ça en tenant compte du budget envisagé pour ce projet.

III. Choix de notre solution IaaS

Pour offrir les services IaaS du Cloud, il est indispensable d'utiliser une plateforme offrant une infrastructure comme un service et permettant de contrôler le fonctionnement du Cloud et de gérer les différentes machines virtuelles s'exécutant dans la couche IaaS.

Nous avons déjà présenté un bilan comparatif entre trois solutions IaaS open source :OpenStack, OpenNebula et CloudStack. Il est à présent question de faire le choix de celle qui nous convient le mieux et répondre aux besoins du projet.

1. Analyse des besoins

1.1. Spécifications fonctionnelles

Les principaux besoins fonctionnels sont dégagés de l'étude préalable et sont récapitulés ci-dessous :

- **Gestion de ressources via une interface graphique :** la plateforme de gestion de l'infrastructure Cloud (IaaS) que nous allons choisir doit gérer et surveiller l'environnement virtuel avec ses différents composants et ce à travers une interface web via un navigateur.
- **Gestion des utilisateurs et des permissions :** la plateforme doit permettre à l'administrateur de gérer les comptes des clients ainsi que les privilèges associés à chacun d'eux.
- **Gestion d'authentification :** les utilisateurs doivent s'authentifier à travers un système d'authentification, pour se servir des fonctionnalités qui correspondent à leurs privilèges.
- **Provisionning et gestion des machines virtuelles :** la solution doit permettre d'instancier une machine virtuelle, de l'arrêter, de la cloner, de gérer l'adressage et donc avoir un accès complet sur les machines invitées en cours d'exécution. Autrement dit, le nombre de machines à déployer ainsi que leurs propriétés doivent être ajustés suivant le besoin de l'utilisateur.
- **Gestion des images :** Une des principales fonctionnalités que doit offrir notre solution est de pouvoir créer et ajouter des systèmes d'exploitation invités hétérogènes (Linux et Windows) à travers différents types d'hyperviseurs, en particulier KVM, Qemu et VMware.
- **Gestion de la sécurité des machines virtuelles :** le système doit gérer et maintenir la sécurité des machines virtuelles en cours d'exécution tout en gardant l'intégrité de la machine.
- **Gestion de réseau des machines virtuelles :** le système doit offrir la possibilité de gérer l'adressage des machines virtuelles créées.
- **Gestion des snapshots :** notre plateforme doit permettre de cloner et faire des snapshots de machines préexistantes sans aucune interruption de service.
- **Gestion du stockage des données :** la solution doit offrir un système de stockage qui permet l'extensibilité, l'ajout d'autres nœuds de stockage d'une manière simple.

1.2. Spécifications non fonctionnelles

Un premier aperçu des exigences techniques nous a permis de distinguer les besoins suivants :

- **Flexibilité et modularité :** la plateforme doit adopter une implémentation modulaire, claire et simple pour permettre par la suite la maintenabilité et l'ajout de nouvelles fonctionnalités concernant la haute disponibilité des machines virtuelles.
- **Performance :** notre système doit exécuter les actions demandées par l'utilisateur dans des délais acceptables.

Il doit donc permettre un déploiement rapide des machines virtuelles et supporter un nombre important de VMs qui s'exécutent en parallèles.

- **Sécurité :** la sécurité est un facteur suprême dans notre système, elle doit être assurée par l'authentification des utilisateurs via un système robuste afin d'accéder et de gérer notre solution. Aussi la sécurisation des machines virtuelles en cours d'exécution et des données enregistrées doit être mise en œuvre pour les protéger contre des attaques externes.
- **Ergonomie :** la plateforme doit faciliter les tâches que ce soit de l'administrateur ou du l'utilisateur du Cloud, en leurs offrant une interface claire et conviviale pour vérifier les différentes configurations et s'assurer du bon fonctionnement de la solution.

2. Critères du choix final

Notre système maintenant est bien défini de point de vue fonctionnalités et nos besoins sont bien cernés, il nous reste qu'à effectuer notre choix sur la solution à mettre en œuvre pour pouvoir par la suite l'implémenter et tester ses fonctionnalités.

En se basant sur les besoins fonctionnels et non fonctionnels spécifiés précédemment, et sur l'étude comparative faite sur quelques solutions existantes sur le marché, il s'est avéré que la plateforme du Cloud IaaS la plus adéquate pour ce projet est OpenStack.

Nous notons que nous avons fondé nos choix sur des critères importants, à savoir :

- **Support de plusieurs hyperviseurs :** OpenStack supporte plusieurs technologies de virtualisation (kvm, xen, qemu, VMware) et il est compatible surtout avec VMware

Vsphere, la plateforme de la virtualisation choisie par Cires.
- **Qualité de documentation :** OpenStack détient une documentation complète, riche et correcte facilitant l'installation et la configuration de ses modules.
- **Architecture modulaire et extensible :** il nous permet d'ajouter facilement de nouvelles fonctionnalités sans avoir à modifier l'ensemble du code.
- **Communauté active et solidaire:** Certes qu'OpenStack est une solution jeune, mais qui a un potentiel très important. D'une part, il est doté d'une solide et large communauté, qui est toujours active et répond à toutes sortes de problèmes concernant l'implémentation et l'utilisation du Cloud OpenStack. D'autre part, la fondation OpenStack est supportée et sponsorisée par un très grand nombre d'acteurs et des sociétés importantes dans le domaine des IT.

Tous ces facteurs nous ont servi aussi pour trancher entre les trois solutions : OpenStack, OpenNebula, CloudStack et choisir finalement la plateforme du Cloud IaaS proposée par la fondation et l'organisation non-commerciale OpenStack.

Dans ce qui suit, nous allons faire un tour d'horizon sur les différents modules de cette plateforme, son principe de fonctionnement et les concepts qui se cachent derrière.

IV. Présentation de la plateforme choisie

1. Modules d'OpenStack

1.1. Vue générale

Créé en juillet 2010 par la NASA et l'hébergeur américain Rackspace, OpenStack est une plateforme de management du Cloud IaaS 100% open source qui s'installe au-dessus de la couche de virtualisation des serveurs.

En principe, lorsqu'une entreprise souhaite déployer un Cloud IaaS, elle commence par installer une plateforme de virtualisation comme VMware vSphere sur le matériel physique pour exécuter des machines virtuelles. Et c'est ensuite qu'elle a besoin d'une plateforme comme OpenStack pour contrôler et définir quelles machines virtuelles seront disponibles, avec quelles caractéristiques, quelles configurations réseau, quel OS, quel stockage, etc.

OpenStack se compose de plusieurs projets interdépendants permettant la gestion de types différents de ressources matérielles (ressources de traitement de données, de stockage, et de réseautage) ainsi que la gestion d'accès à ces ressources. Chacun de ces projets représente un module dans l'architecture modulaire d'OpenStack. Et chacun de ces modules a son propre « code name » qui le distingue.

Parmi les principaux modules d'OpenStack, nous citons: OpenStack Compute (Nova), OpenStack Identity (Keystone), OpenStack Dashboard, (Horizon), OpenStack Block Storage(Cinder) et OpenStack Image Service (Glance).

Lors du déploiement d'OpenStack, nous faisons recours aux notions suivantes :

- **Nœud contrôleur** : permet d'orchestrer toute la plateforme Cloud. Il est le serveur où sont installés les modules d'OpenStack nécessaires à la gestion du Cloud en termes de control d'accès, de gestion d'utilisateurs, et de gestion des ressources virtuelles. Il exécute le service d'identité, service de l'image, tableau de bord, la partie management du service du Calcul.
- **Noeud Compute** : le nœud où sont créées les instances virtuelles. Il permet la gestion des ressources de virtualisation via un hyperviseur.

1.2. Module Identité (Keystone)

Le Service d'identité Keystone, est le point d'entrée à la plateforme OpenStack .Il permet la gestion d'authentification des utilisateurs et des autorisations d'accès à tous les services d'OpenStack.

Keystone se base sur plusieurs concepts clés, à savoir : [11]

- **User :** représente l'utilisateur final. Chaque utilisateur dispose obligatoirement d'un login, et peut avoir un Token pour accéder aux ressources et il peut être affecté à un Tenant particulier.
- **Token (jeton):** Texte arbitraire (chiffres et lettres) qui est utilisé pour accéder aux ressources. Chaque token possède un champ qui décrit les informations sur les ressources accessibles par son biais.
- **Tenant (projet) :** conteneur au sein duquel les ressources et utilisateurs sont regroupés.

- **Role** : correspond à un ensemble de droits et de privilèges dont dispose l'utilisateur. Ce dernier peut avoir un ou plusieurs rôles sur différents Tenants.
- **Credentials (pièces d'identités)** : ce sont les données confidentielles qui permettent d'authentifier un utilisateur.
- **Endpoint** : Une adresse réseau, généralement décrite par une URL via laquelle l'utilisateur accède à un service.

En bref, Keystone permet de subdiviser l'environnement Cloud en un ensemble de projets(tenants) pour ensuite les affecter à un ensemble d'utilisateurs.

1.3. Module Compute (Nova)

La partie noyau de notre plateforme est la partie Compute et c'est le module Nova qui l'assure. Ce dernier a comme rôle de fournir les services de virtualisation et d'instanciation des machines virtuelles dans le Cloud. A ce titre, toute activité nécessaire pour soutenir le cycle de vie d'une instance de machine virtuelle dans le Cloud est assurée par Nova. Cela inclut des opérations comme la gestion des blocs de stockage, mise en réseau, la planification, la gestion des ressources, et la communication avec les hyperviseurs.

Tous les services offerts par Nova sont accessibles via une API qui est compatible avec Amazon EC2. Les composants principaux de Nova qui offrent ces services sont :

- **Nova-Api** : fournit une interface pour interagir avec l'infrastructure de Cloud, reçoit et redirige les requêtes de l'utilisateur via les messages queues RabbitMQ aux différents services pouvant remplir la tâche voulue par l'utilisateur.
- **Nova-Compute** : il est responsable de la gestion du cycle de vie des instances de machines virtuelles tel que créer et terminer une instance, recevoir et exécuter des actions visant à mettre à jour les états des VMs dans la base de données. Par exemple il accepte un message de la file d'attente pour créer une nouvelle instance, puis il utilise la bibliothèque libvirt pour instancier une nouvelle machine virtuelle d'un hyperviseur KVM correspondant à cette bibliothèque.
- **Nova-Scheduler** : récupère la demande de création d'une nouvelle instance de machine virtuelle de la file d'attente et détermine l'endroit où il devrait la lancer. En fait, Tous les nœuds de Compute publient périodiquement leur état, les ressources

disponibles et les capacités matérielles dans la file d'attente à nova- Scheduler qui récupère ensuite ces données et les utilise pour prendre des décisions lorsqu'il y a une requête.

- **Nova-Volume :** il est responsable de la gestion des périphériques de stockage. Il interagit avec iSCSI Storage pour gérer les volumes LVM des instances. Parmi ses fonctionnalités nous citons la création, la suppression des volumes, l'attachement et le détachement d'une instance à un volume. Ces volumes peuvent être facilement échangés entre les instances, mais ne peuvent être attachés qu'à une seule à la fois.
- **Database :** stocke la configuration et l'état dans lequel se trouve le Cloud (l'état de l'infrastructure IaaS).Cet état inclut les instances en cours d'utilisation, types d'instances disponibles, et les projets en cours (capacité de calcul, mémoire, adresses).
- **Nova -network :** traite la configuration réseau des machines. Il effectue des opérations comme la connectivité entre les instances, l'allocation des adresses IP flottantes (adresses visibles sur Internet permettant de rendre les machines accessibles de l'extérieur) et la mise en œuvre des groupes de sécurité (filtrage de trafic).

1.4. Module Image (Glance)

Le module Image d'OpenStack connu aussi sous le nom Glance, permet aux utilisateurs d'enregistrer et de récupérer les images des machines virtuelles. Il prend en charge un large éventail de formats de disque virtuel et de conteneurs.

Glance permet d'uploader des images privées ou publiques avec différentes formats du disque : AMI (image de la machine Amazon), VHD (Hyper-V), VDI (VirtualBox), qcow2 (Qemu/KVM), VMDK (VMWare) et ISO.

Nous notons que Glance comprend les composants suivants :

- **Glance-Api :** reçoit les requêtes d'interrogation, de récupération, de téléchargement ou de suppression d'images et il les transmit par la suite aux autres composants de Glance.
- **Glance-Registry :** enregistre et récupère les métadonnées des images à partir d'une base de données. Les métadonnées incluent la taille, le type et format de disque.
- **Database :** stocke les métadonnées des images.

1.5. Module Stockage (Cinder)

Le service Cinder d'OpenStack nous offre la possibilité d'affecter à des instances virtuelles des dispositifs de stockage par blocs. Cette opération nous permet d'avoir plus d'espace de stockage, plus de performance et de persistance. Il s'occupe de tout ce qui concerne la gestion des dispositifs : la création, l'attachement et le détachement d'un dispositif de stockage (disque ou volume) aux instances virtuelles.

Cinder fournit deux services de gestion de stockage fondamentaux, ces services permettent la gestion de volumes et de snapshots.

- **Gestion de volumes :**

Les volumes sont des ressources de stockage par blocs qui peuvent être attachés à des instances virtuelles en tant que stockage secondaire comme ils peuvent être le disque racine pour démarrer ces instances.

- **Gestion de snapshots :**

Une snapshot dans OpenStack Cinder est une copie en lecture seule créée en un instant donné d'un volume. Elle peut être créée à partir d'un volume qui est actuellement en cours d'utilisation ou d'un volume qui est dans un état disponible. Une snapshot peut ensuite être utilisée pour créer un nouveau volume.

Les composants principaux de module Cinder se présentent comme suit : [11]

- **Cinder-Api :** authentifie et achemine dans le système les demandes de stockage par blocs.
- **Cinder-Volume :** il est responsable de la gestion des dispositifs de stockage par blocs (création, attachement, détachement, suppression et manipulation).
- **Cinder- Scheduler :** il est responsable de l'ordonnancement et du routage des requêtes au service volume approprié.

1.6. Module tableau de bord (Horizon)

Le tableau de bord nommé Horizon est le module qui assure un accès via une interface web aux fonctionnalités fournies par les autres modules d'OpenStack. Le tableau de bord n'est qu'une façon pour interagir avec les ressources OpenStack. Il est l'alternatif de l'utilisation des lignes de commandes.

2. Architecture d'OpenStack

Le projet OpenStack permet le déploiement d'une plateforme Cloud hautement évolutive. Pour cela, tous ses services doivent inter-opérer entre eux afin de fournir à l'utilisateur final une infrastructure complète en tant que service « IaaS ». Ceci est atteint à l'aide des API que fournit chaque service. Ces API permettent aux différents services d'OpenStack d'interagir entre eux et aux utilisateurs finaux d'exploiter la plateforme.

Les différentes interactions entre les composants d'OpenStack sont schématisées dans la figure 10.

D'une façon générale, nous pouvons dire que :

- Horizon fournit une interface web pour tous les autres services d'OpenStack.
- Tous les services s'authentifient avec Keystone.
- Neutron fournit une infrastructure réseau virtuelle pour Nova.
- Cinder prévoit des volumes de stockage par blocs pour Nova.
- Glance peut stocker les fichiers de disques virtuels dans le service Swift.
- Nova stocke, récupère et télécharge les disques d'images virtuelles et les métadonnées associées auprès du service Glance pour la création des instances virtuelles.

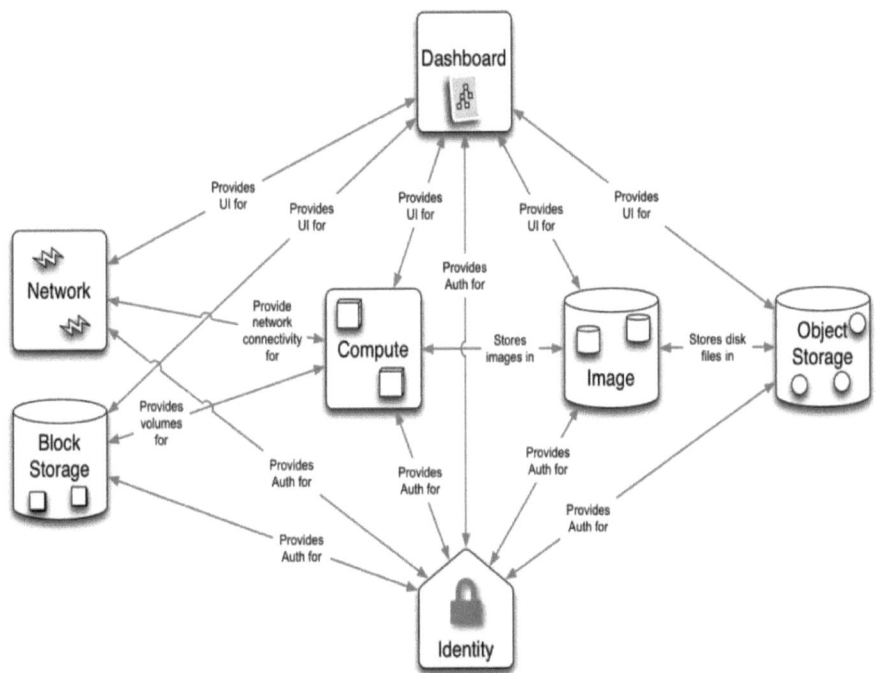

Figure 10 : Architecture globale d'OpenStack

Conclusion

Au cours de ce chapitre, nous avons mis l'accent sur les éléments de base nécessaires pour la mise en place du Cloud IaaS. Nous avons fait la conception préliminaire de notre architecture IaaS et nous avons choisi notre future plateforme de gestion du Cloud parmi celles libres qui existent, en argumentant bien évidemment notre choix. Suite à cela, nous avons présenté et explicité les différents modules de la solution choisie.

Ainsi, après avoir cerné et vu avec soin les composants principaux de la plateforme OpenStack, nous pouvons passer ensuite à l'étape d'installation, de configuration et de test de fonctionnalités de ces composants. Chose qui fait l'objet du prochain chapitre.

Chapitre IV

Dépoilement & Test de la plateforme choisie

> Dans le présent chapitre, nous aborderons la partie implémentation de la plateforme OpenStack sur un serveur de test. Dans un premier temps, nous présenterons l'architecture de dépoilement et nous décrirons le processus d'installation d'OpenStack et les configurations requises pour le bon fonctionnement de chacun de ses modules. Après, nous allons faire un tour d'horizon sur son tableau de bord et tester ses fonctionnalités et services pour la validation de notre choix.
> Par ailleurs, nous allons mettre en œuvre l'application web que nous avons proposé pour la commercialisation de futures offres IaaS de Cires.

Contribution à la préparation d'un environnement Cloud adéquat pour l'intégration du service IAAS du Cloud Computing

I. Architecture de dépoilement

Pour mettre en pratique les acquis théoriques de l'étude de la plateforme OpenStack et valider notre choix, nous avons procédé à l'installation de cette dernière dans un environnement de test préparé sur un serveur physique.

1. Justification de l'architecture choisie

Pour notre simulation, nous avons utilisé une architecture tout-en-un. Autrement dit, nous avons installé les deux nœuds Controller et Compute d'OpenStack sur un même serveur physique puisque nous disposons seulement de ce dernier pour le test (peu de ressources : CPU, Mémoire, stockage, ...).

En fait, pour des raisons de performance et de disponibilité de la solution, les deux installations doivent être faites sur des machines physiquement distinctes et chaque module d'OpenStack doit être installé sur un serveur physique différent.

La figure 11 montre le schéma simplifié de l'architecture de dépoilement utilisée :

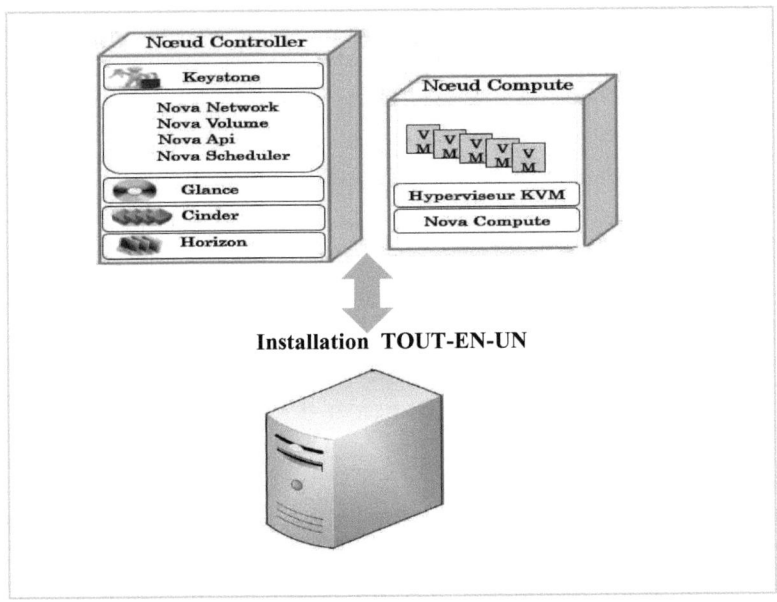

Figure 11 : Architecture simplifiée de dépoilement d'OpenStack

2. Environnement d'installation

2.1. Caractéristiques du serveur utilisé

Pour notre test, nous avons utilisé un serveur ayant la configuration suivante :
- **Processeur**: Express x3550 M4, Xeon 6C E5-262095W2.0GHz/1333MHz /15MB, 64-bit.
- **Mémoire:** 16GB de RAM.
- **Disque:** 2x 2 To SATA2 RAID 1.
- **Réseaux** : 2 cartes réseaux 1GB.

2.2. Outil d'installation utilisé

Nous avons utilisé l'outil RackSpace Cloud (nommé Alamo) .C'est un paquet ISO (téléchargeable) préconfigurée d'OpenStack, qui permet d'installer les composants suivants :

- Système d'exploitation hôte : distribution Linux Ubuntu 12.04 LTS.
- Hyperviseur : KVM.
- Bibliothèque :libvirt.
- Les nœuds Controller et Compute d'OpenStack sur une même machine ou différentes machines selon le choix de l'administrateur. Dans notre cas les deux nœuds sont installés sur une même machine.
- Services et modules d'OpenStack (Nova, Glance, Horizon, Keystone , Cinder).
- Base de données : MySQL, utilisée par les services d'OpenStack. pour persister leurs états et les métadonnées correspondantes aux ressources qu'ils exploitent.
- RabbitMQ : système de messagerie qui gère les échanges de messages entres les différents modules d'OpenStack.

II. Installation et configuration d'OpenStack

1. Installation

Au début nous avons essayé d'installer OpenStack en suivant les guides d'installation (ubuntu 12.04 LTS et CentOs), mais ceci nous a posé plusieurs problèmes de configuration.

En fin, nous avons pu installer OpenStack via RackSpace Cloud Alamo.Veuillez voir l'Annexe I, qui contient les principales étapes d'installation avec les captures d'écran.

2. Configuration

Après une installation réussie de tous les composants d'Openstack via Alamo, venait l'étape de personnalisation de la configuration de chaque module.

Pour les détails techniques de principales étapes de configuration, veuillez-vous référer aux annexes correspondantes à chaque service : Annexe II (Keystone), Annexe III(Glance), Annexe IV(Cinder), Annexe V (Nova) et Annexe VI (Horizon).

III. Test de fonctionnement d'OpenStack

Dans ce qui précède, nous avons abordé les processus d'installation et de configuration d'OpenStack. A présent, il nous reste que de vérifier le bon fonctionnement de chaque service via son tableau de bord et synthétiser les résultats obtenus.

1. Administration d'OpenStack

1.1. Test d'accès au tableau de bord

Pour accéder au tableau de bord d'OpenStack en tant qu'administrateur, nous avons saisi l'adresse 192.168.204.128 (EndPoint) au niveau de navigateur web. Ensuite, nous nous sommes connectés avec le compte admin (créé lors de l'installation).Après l'authentification, nous nous sommes retrouvés devant le tableau de bord suivant (interface d'administration) :

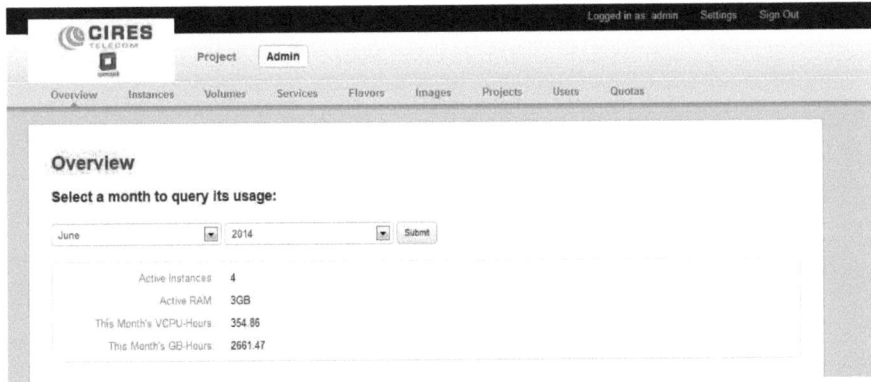

Figure 12 : Interface d'administration d'OpenStack

La connexion au tableau de bord d'OpenStack s'est bien établie, ce qui prouve le bon fonctionnement en même temps de services Horizon et Keystone.

Pour plus de détails sur les différents menus de tableau de bord (interface d'administration), veuillez voir Annexe VII.

1.2. Test d'ajout d'un nouvel utilisateur

Supposons que le client OCP de Cires veut bénéficier d'un certain nombre d'instances et de ressources du Cloud via OpenStack. Pour le test, nous avons tout d'abord créé en tant qu'administrateur un compte utilisateur pour lui et nous l'avons affecté à un projet (tenant) dont les quotas répondent à ses besoins.

Pour la création d'un nouvel utilisateur, nous avons procédé comme suit :

Users->Create User, puis nous avons rempli les champs nécessaires : nom, adresse email, mot de passe, le projet auquel il est rattaché, et son rôle dans le projet comme il est illustré ci-dessous :

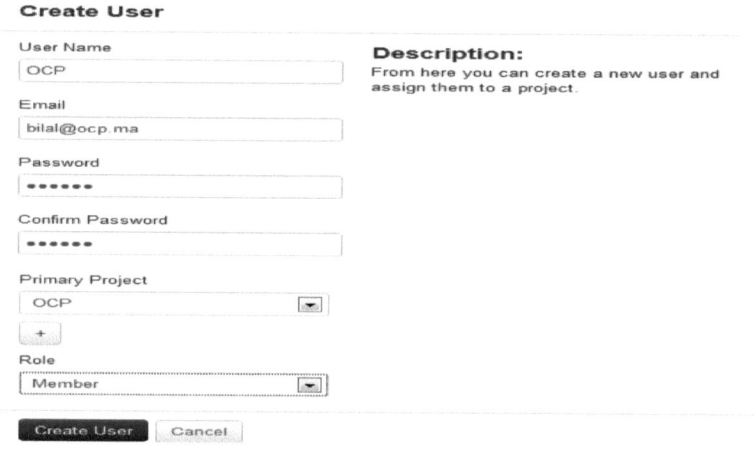

Figure 13 : Création d'un nouvel utilisateur

Nous avons supposé pour ce test que les quotas définis par défaut pour le projet OCP auquel le client est affecté, peuvent satisfaire sa demande en termes de ressources et des instances.

1.3. Création d'un pool d'adresses IP flottantes

Chaque instance créée par un client doit être attribuée d'une adresse IP flottante à partir d'un pool créé par l'administrateur. L'adresse IP flottante permet au client d'accéder à distance à sa propre instance à partir d'un réseau public (Internet).

Pour notre test, nous avons défini un pool d'adresses IP flottantes via la commande :

`root@CloudCiresTelecom:~# nova-manage floating create --pool=vmware-net8 --ip_range=192.168.204.200/28`

Nous notons quevmware-net8 représente le nom choisi pour le pool et 192.168.204.200/28(donnée par l'administrateur réseau de Cires) représente la plage d'adresses IP flottantes.

1.4. Ajout d'une image disque

Nous avons créé pour le test une image disque precise-image qui correspond à l'image de système d'exploitation Ubuntu 12.04.Soit la capture d'écran suivante :

Figure 14 : Création d'une image disque

Images & Snapshots

Images

	Image Name	Type	Status	Public	Format	Actions
	precise-image	Image	Active	Yes	AMI	Launch

Displaying 1 item

L'image a été bien ajoutée :

Figure 15 : Affichage de l'image créée

2. Utilisation d'OpenStack

2.1. Accès au tableau de bord (interface du client)

Le client OCP par exemple peut accéder au tableau de bord d'OpenStack à tout moment en saisissant ses identifiants de connexion en l'occurrence son login et son mot de passe que nous lui avons donné.

Le tableau de bord (interface du client) d'OpenStack se présente comme suit :

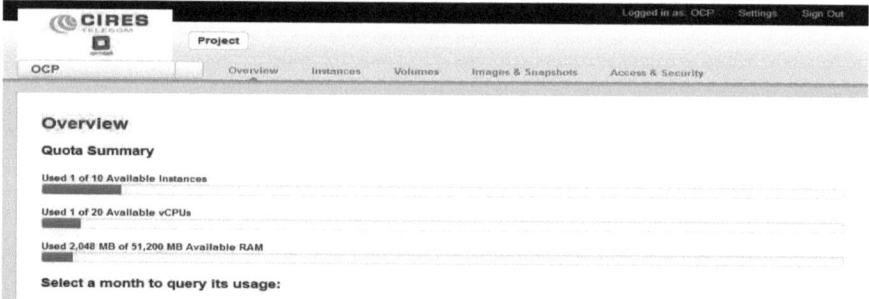

Figure 16 : Tableau de bord (interface du client) d'OpenStack

Pour plus de détails sur les différents menus de tableau de bord (interface du client), veuillez voir Annexe VIII.

2.2. Configuration d'accès et du groupe de sécurité

Avant de créer une instance de VM, le client doit créer un key pair, définir son propre groupe de sécurité et réserver une adresse IP flottante. Veuillez voir Annexe IX.

2.3. Test de création des instances

Scénario 1 :

Nous avons créé en tant qu'utilisateur OCP une instance de machine virtuelle(OCPInstance) à partir de l'image créée précédemment. Veuillez voir Annexe X.

Scénario 2 :

Nous avons simulé en tant qu'administrateur la création d'un exemple d'instance à proposer aux clients. Veuillez voir Annexe X.

2.4. Test d'Accès aux instances

Nous avons pu accéder à distance à l'instance OCPInstance via putty (le client SSH) :

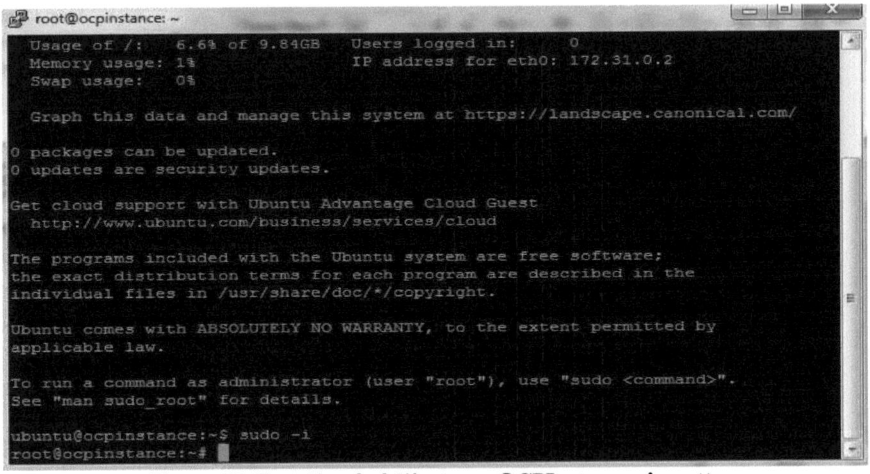

Figure 17 :Test d'accès à l'instance OCPInstance via putty

2.5. Test de fonctionnement des instances

Scénario 1 :

Le client peut héberger n'importe quelle application dans ses propres instances créées. Pour le test, nous avons hébergé sur l'instance linux OCPInstance une application de génération de facture comme il est illustré dans la figure 18.

Scénario 2 :

Les fournisseurs du Cloud peuvent proposer aux clients des instances avec des outils de

Contribution à la préparation d'un environnement Cloud adéquat
pour l'intégration du service IAAS du Cloud Computing

développement (niveau PaaS). Pour notre test, nous avons pu installer phpMyAdmin sur l'instance linux CiresTest (adresse IP 192.168.204.195) comme il est illustré dans la figure 19.

Figure 18 : Test de fonctionnement de l'instance OCPInstance

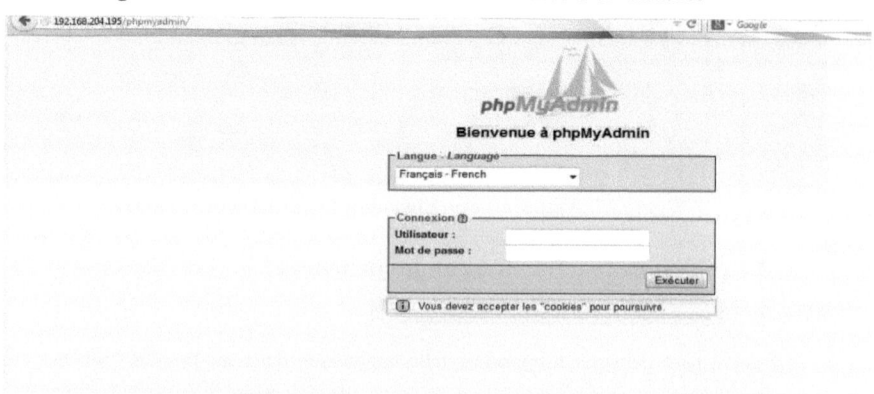

Figure 19 : Test d'installation de phpMyAdmin sur l'instance CiresTest

2.6. Synthèse

En récapitulant, ce déploiement nous a permis d'avoir une première interaction avec la plateforme OpenStack. À partir du moment où cette plateforme était mise en place avec succès, il nous a été possible de tester les différentes fonctionnalités de base offertes par les services déployés via son tableau bord.

Au cours de cette phase de test, nous avons manipulé et simulé :

- La création des tenants et des utilisateurs.
- L'accès au tableau de bord d'OpenStack .
- La création des images disques (images des systèmes d'exploitation)qui sont exploitées au lancement de plusieurs instances.
- Le déploiement rapide des instances linux (Ubuntu 12.04 LTS)à partir des templates (Flavors) préconfigurées.
- La gestion de la sécurité (groupes de sécurité et les Keypairs) et l'adressage (adresses IP flottantes) des instances.
- L'accès aux instances linux créées à distance via le client SSH (putty) par l'intermédiaire des clés.
- Le bon fonctionnement des instances, en y hébergeant des exemples d'applications et installant des logiciels (niveau PaaS).
- La création des volumes de stockage persistants pour les instances.

Etant riche en fonctionnalités, la plateforme OpenStack fournit aux clients l'opportunité de créer, lancer et gérer rapidement des instances dont ils ont besoin à tout moment pour héberger leurs applications métiers, après la connexion à son tableau de bord via leurs propres comptes. Ceci met en œuvre le caractère libre-service à distance et à la demande du Cloud. En outre, ils ne paient que pour les ressources consommées et ils peuvent toujours demander la modification de quotas de leurs projets (élasticité du Cloud).

IV. Présentation de l'application web

1. Fonctionnalités

Il s'agit de développer un site web dynamique et convivial ayant pour finalité la commercialisation de futures offres Cloud du Cires Télécom. L'application propose les fonctionnalités préliminaires suivantes :

- Donne un aperçu général sur le service IaaS du Cires.
- Permet aux clients de consulter les offres IaaS proposées par Cires Télécom.
- Facilite la communication entre les clients et le fournisseur Cires par l'intermédiaire d'un formulaire de demande.
- Permet aux clients qui veulent bénéficier du service IaaS de spécifier leurs besoins en termes de ressources (RAM, VCPU, espace disque) et de nombre d'instances par le biais des demandes envoyées à l'administrateur du site.
- Permet à l'administrateur de gérer les utilisateurs, les offres, et les demandes des clients.

2. Technologies utilisées

Pour la réalisation de l'application, nous avons utilisé les outils suivants :

- Langages de programmation : PHP (native) version 5 et HTML.
- Environnement de développement : Eclipse.
- Système de gestion de base de données : MySQL.
- Serveur d'application : WampServer.

3. Interfaces de l'application

Dans cette section, nous allons présenter les interfaces les plus importantes de notre site tout en expliquant leurs utilités.

Notre application contient quatre parties principales : Accueil, Solutions IaaS, Espace Client et Administration.

- **Partie Accueil :**

La page d'accueil est la première interface qui s'affiche au lancement de l'application, elle contient le logo de la société et la barre de menus. Elle donne une brève description sur le service IaaS comme la montre la figure 20 :

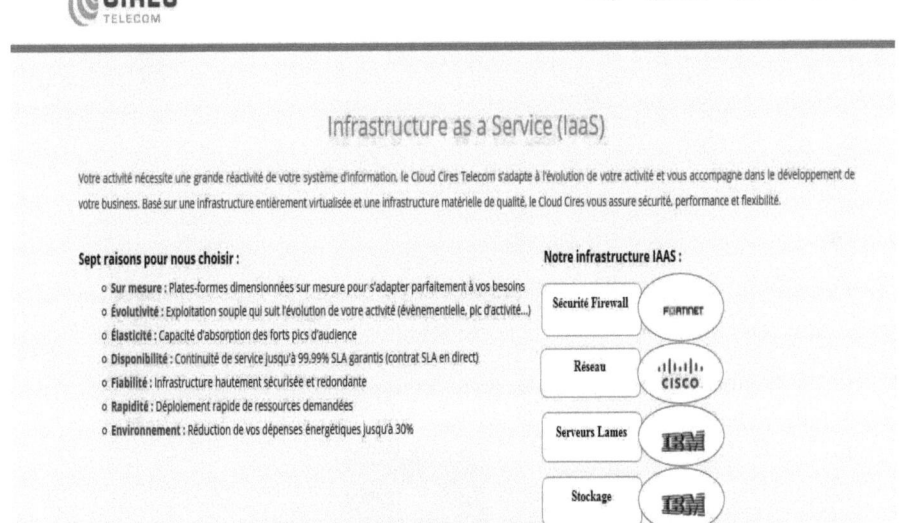

Figure 20 : Page d'accueil de l'application

Au niveau de l'aspect visuel de site, les couleurs ont été adaptées à celles du logo de l'entreprise.

- **Partie Solutions IaaS :**

Lorsque le client clique sur « Solutions IaaS », une interface s'affiche, lui permet de consulter les offres IaaS(Pour le test, deux exemples : Cloud Instances et Systèmes d'exploitation) proposées par Cires. Soit les deux captures d'écran suivantes :

Contribution à la préparation d'un environnement Cloud adéquat pour l'intégration du service IAAS du Cloud Computing

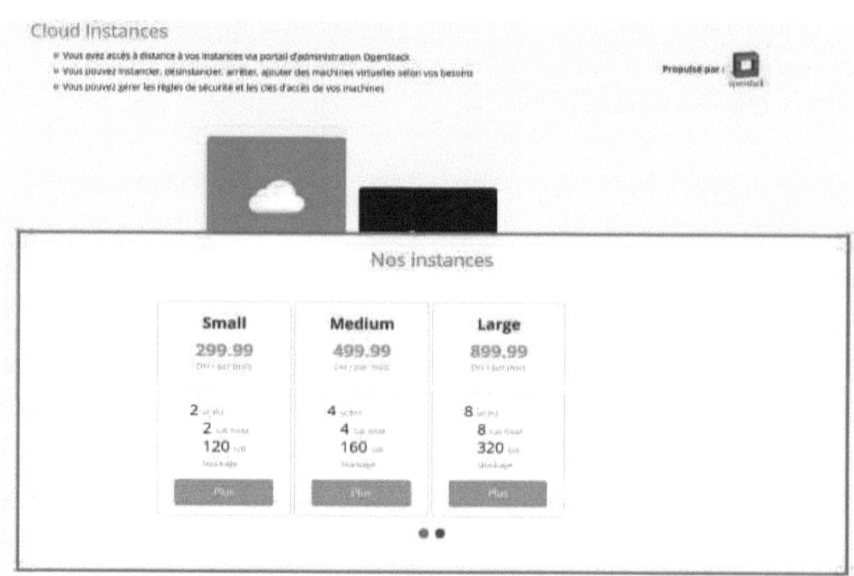

Figure 21 : Menu Solutions IaaS : Exemple d'offre Cloud Instances

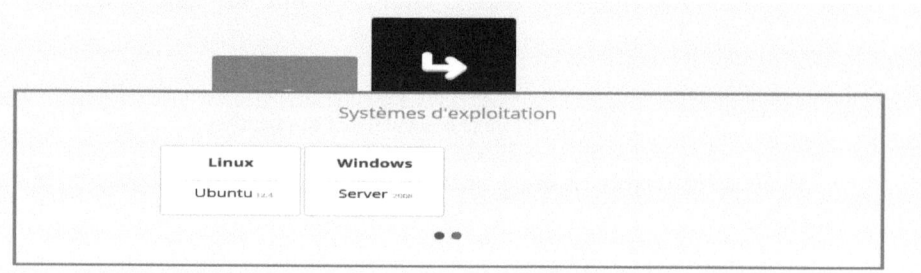

Figure 22 : Menu Solutions IaaS : exemple d'offre Système d'exploitatio

- **Partie Espace Client :**

L'interface Espace Client est dédiée aux clients qui veulent bénéficier de service IaaS de Cires en leur permettant d'envoyer des demandes concernant leurs besoins en termes de quotas pour leurs projets Cloud.

Lorsque le client clique sur le menu Espace Client, l'interface suivante s'affiche :

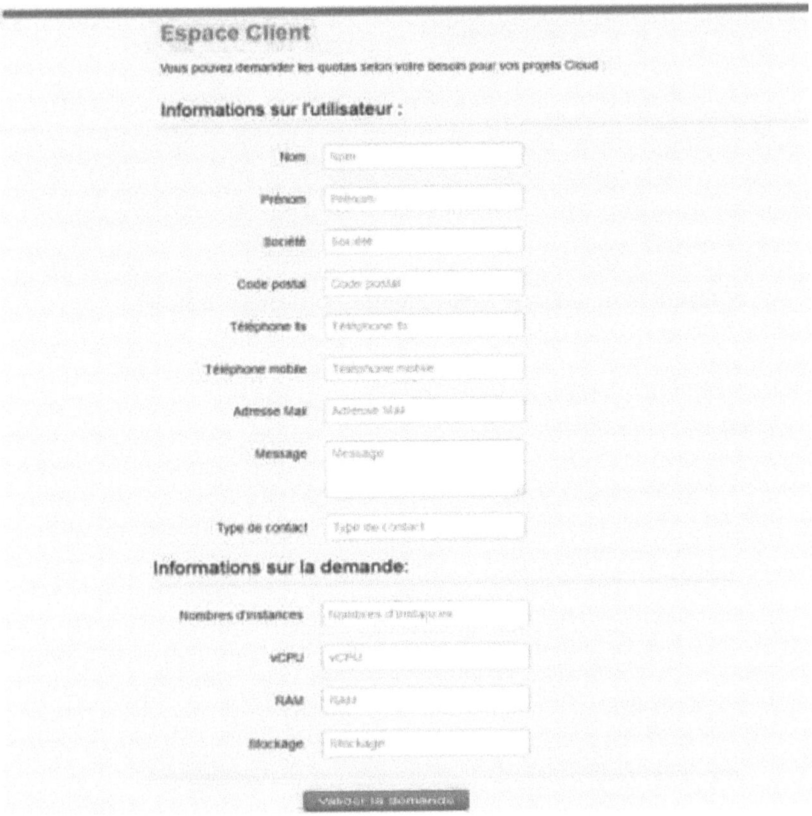

Figure 23 : Formulaire de demandes des clients

Pour envoyer une demande, le client doit donc remplir tous les champs du formulaire ci-dessus avec ses informations personnelles et les ressources désirées pour les quotas de son projet Cloud.

- **Partie Administration :**

Le clic sur le menu Administration amène l'utilisateur vers l'interface suivante :

Figure 24 : Interface d'authentification de l'administrateur

Après l'authentification, la page suivante s'affiche :

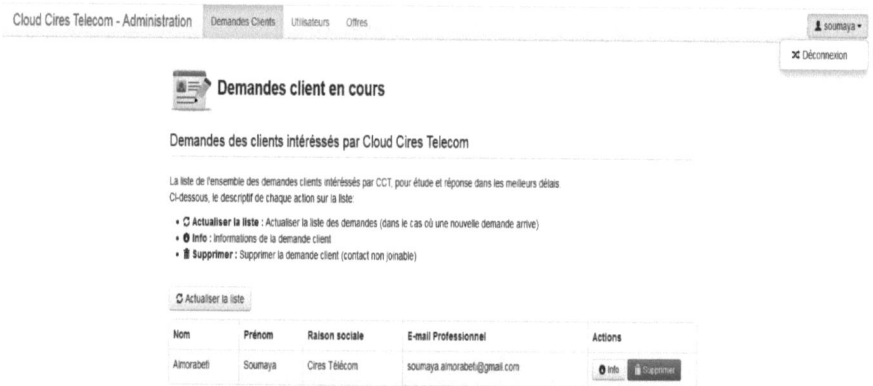

Figure 25 : Sous Menu Demandes Clients

Elle contient les sous menus : Demandes clients, Offres, Utilisateurs et le bouton « déconnexion » pour la déconnection de l'utilisateur en cours.

Via le sous menu Demandes Clients, l'administrateur peut consulter la liste des demandes envoyées par les clients. En cliquant sur le bouton « info », il reçoit plus de détails sur les informations associées aux demandes, comme il est illustré dans la figure 26.

Figure 26 : Consultation des demandes reçues

L'interface de gestion des utilisateurs se présente comme suit :

Figure 27 : Sous menu Utilisateurs

Si l'administrateur clique sur « offres », il obtient l'interface suivante:

Figure 28 : Sous menu Offres

Cette interface permet la gestion des offres IaaS. L'administrateur peut modifier, supprimer les offres existantes et en ajouter d'autres.

La figure suivante illustre l'ajout d'un exemple d'offre à partir du bouton «Nouvelle offre » :

Figure 29 : Test d'ajout d'une nouvelle offre

Après avoir validé sa création, l'offre s'ajoute à la liste existante et s'affiche automatiquement à partir de la base dans la partie Solutions IaaS, comme il est illustré dans les deux captures d'écran suivantes :

Figure 30 : Affichage de la nouvelle offre dans la liste

Figure 31 : Affichage de la nouvelle offre dans la partie Solutions IaaS

Conclusion

Nous arrivons au terme de ce chapitre consacré aux parties déploiement et test de la plateforme choisie pour la gestion du Cloud IaaS, et proposition d'une application web pour la commercialisation de futures offres IaaS du Cires.

La plateforme OpenStack que nous avons choisi avec ses différents services répond bien aux besoins du projet, et tous les membres de l'équipe sont satisfaits de ce choix. Notre choix est validé et donc OpenStack sera la plateforme future de gestion du Cloud IaaS du Cires Télécom.

Bien que l'application web proposée ne soit pas encore complètement terminée, les éléments qui sont développés sont bien fonctionnels.

**Contribution à la préparation d'un environnement Cloud adéquat
pour l'intégration du service IAAS du Cloud Computing**

Conclusion générale

Ce présent projet de fin d'études avait pour finalité la préparation d'un environnement Cloud approprié pour l'intégration du service IaaS du Cloud Computing pour le compte de l'entreprise d'accueil. Bien entendu, Ce nouveau service va lui permettre d'une part, d'accompagner l'évolution du marché en matière d'hébergement Cloud, et d'autre part de satisfaire les besoins de ses clients.

Au fil de notre période de stage passée au sein de département « Technique »à la société Cires Télécom, nous nous sommes efforcés de déterminer tous les prérequis de base en termes du matériel et de plateformes, favorisant ainsi la mise en place future du Cloud IaaS.

Les principaux objectifs du projet sont atteints et le cahier des charges est bien respecté. Nous avons pu spécifier le matériel requis pour l'implémentation de l'infrastructure Cloud dans le Datacenter visé, concevoir une architecture IaaS préliminaire, et choisir une plateforme libre pour la gestion du Cloud IaaS. Par ailleurs, nous avons réussi d'un côté, à déployer la solution élue « OpenStack » sur un serveur de test et montrer le bon fonctionnement de ses modules de base qui répondent mieux à nos besoins .Ce qui a permis d'appuyer et valider notre choix. De l'autre côté, nous avons proposé une application web préliminaire facilitant la communication entre les clients et le fournisseur Cires et permettant la commercialisation de ses futures offres IaaS. Ce fut un fruit d'un long travail de recherche et documentation en collaboration avec tous les membres de l'équipe chargés de ce projet et l'encadrant pédagogique Monsieur Hassan Badir de l'**ENSAT**.

Mon expérience de stage chez Cires Télécom m'a permis de grandir professionnellement en développent mon savoir être et mon savoir-faire, et d'approfondir mes connaissances notamment en administration systèmes, réseaux et informatiques. J'ai eu l'opportunité de travailler sur un nouveau sujet d'actualité, découvrir et maitriser plusieurs aspects du concept du Cloud Computing et la technologie de virtualisation. Aussi, j'ai pu me former sur la plateforme OpenStack, dernier cri des solutions de la gestion du Cloud IaaS.

Contribution à la préparation d'un environnement Cloud adéquat pour l'intégration du service IAAS du Cloud Computing

D'une manière générale, je m'estime très heureuse d'avoir eu l'occasion de travailler avec quelques lauréats anciens de la filière génie des Systèmes de Télécommunication et Réseaux de l'**ENSAT**, qui sont très compétents dans leurs domaines, et à leur contact j'ai pu me préparer à l'intégration dans le monde professionnel.

En termes de perspectives à ce projet, l'achat du matériel, la mise en place de l'infrastructure physique du Cloud, et le dépoilement de chaque service d'OpenStack sur un serveur physique différent pour la haute disponibilité du service IaaS. Nous pourrions également apporter des améliorations, par exemple :

-Configuration du module « Swift » d'OpenStack pour fournir l'offre de stockage des documents en ligne.

-Configuration du module « Telemetry » pour la facturation à l'usage de service (par heure et par mois) en fonction de ressources consommées (nombre d'instances, taille des disques allouée, nombre de processeurs).

-Etude avancée de l'aspect sécurité dans le Cloud et mise en œuvre des politiques fortes pour la protection de la plateforme et données des clients.

- Etude et mise en place en place des mécanismes permettant d'assurer la haute disponibilité des services et de surveiller la plateforme OpenStack.

-Enrichissement du site web dédié pour le service Cloud par d'autres fonctionnalités.

Nous pouvons aller plus loin et étendre le métier de l'entreprise en offrant d'autres services du Cloud Computing : le PaaS et SaaS.

Finalement, j'espère ainsi avoir répondu aux attentes de mes encadrants et avoir été à la hauteur de la confiance qu'ils m'ont témoignée.

Webographie

[1] http://csrc.nist.gov/groups/SNS/cloud-computing/.

[2] https:/www.wikipedia.com.

[3] https://www.cisco.com/web/strategy/docs/gov/Cisco Cloud ComputingWP.pdf.

[7] http: //opennebula.org/.

[8] http://www.eucalyptus.com/.

[9] http://www.openstack.org/.

Bibliographie

[4] le Cloud Computing une nouvelle filière fortement structurante, septembre 2012.

[5] SMBGroup, 2012.

[6] Wygwan, le Cloud Computing : Réelle révolution ou simple évolution ?

[10] Présentation Datacenters Cires V2.2 : manuel de formation septembre 2012, document fourni à Cires Télécom.

[11] OpenStack Cloud Computing Cookbook.

Annexes

Annexe I :

Le processus d'installation d'OpenStack via RackSpace Cloud Alamo se présente comme suit :

1. Nous avons booté l'ISO d'Alamo sur notre serveur.

2. Une fois que l'ISO a été lancé et chargé, nous avons accepté la déclaration d'EULA.

3. Nous avons sélectionné le type d'installation All-In-One, qui correspond à l'installation de nœuds Compute et Controller sur le même serveur .Soit la capture d'écran suivante:

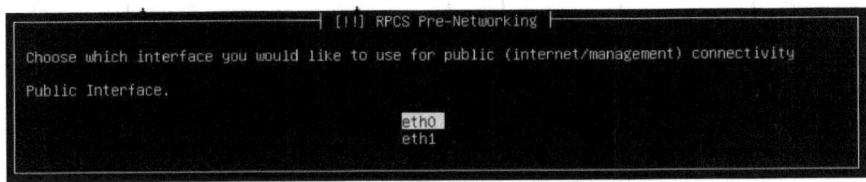

Figure 32: Choix de type d'installation All-In-One

4.Nous avons désigné l'interface réseau eth0 pour le réseau public :

Figure 33 : Choix de l'interface pour le réseau public

5. Nous avons spécifié l'adresse IP 192.168.204.128 (adresse disponible dans le pool DHCP).Nous notons que cette adresse est donnée par l'administrateur du Cires. Soit la capture d'écran suivante :

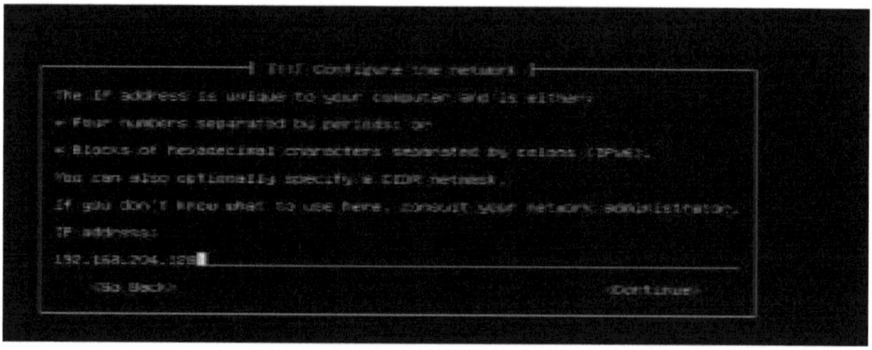

Figure 34 : Configuration de l'adresse réseau

6. Nous avons choisi un nom pour notre machine :

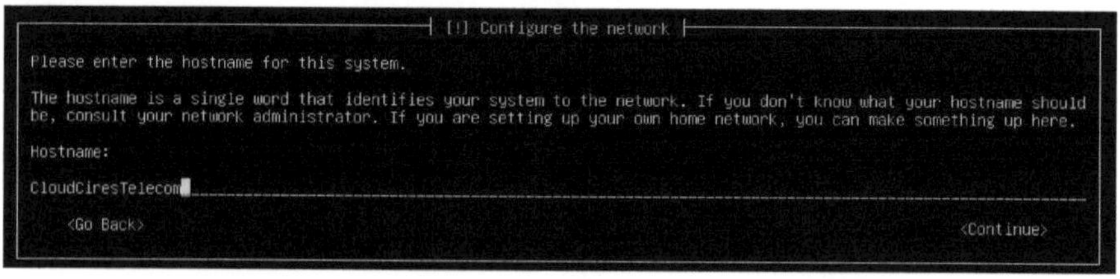

Figure 35: Spécification d'un nom pour notre machine

7. Nous avons spécifié l'adresse 172.31.0.0/24 pour le réseau fixe nova :

Figure 36: Configuration de l'adresse IP pour le réseau fixe nova

8. Nous avons entré un mot de passe pour l'utilisateur admin. C'est l'administrateur qui gèrera le Cloud :

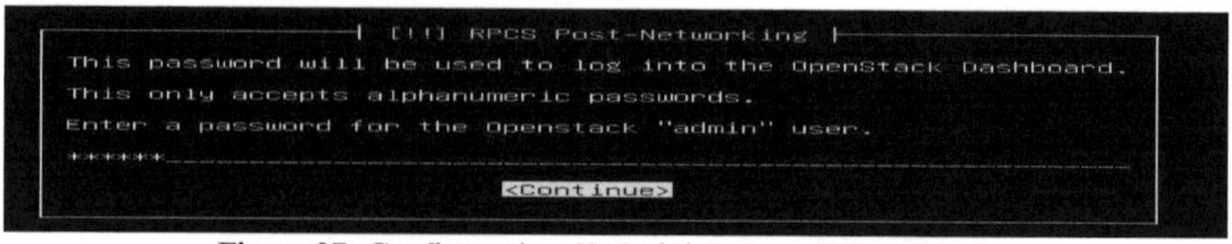

Figure 37: Configuration d'administrateur d'OpenStack

En outre, nous avons défini un utilisateur normal d'OpenStack avec son mot de passe :

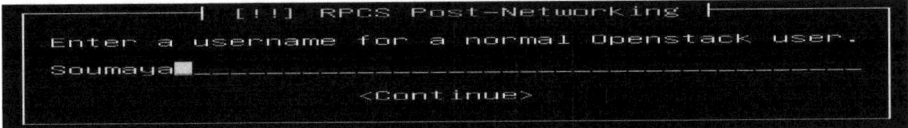

Figure 38: Spécification d'un utilisateur normal d'OpenStack

9. Finalement, nous avons lancé l'installation du Cloud :

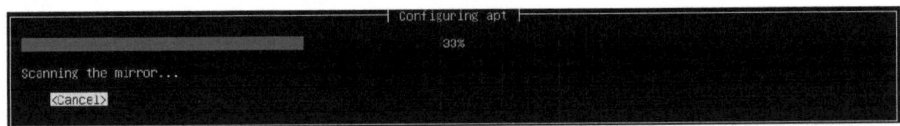

Figure 39 : Lancement d'installation

Annexe II :

La configuration du service Keystone se présente comme suit :

1. Nous avons défini un Token (jeton) d'autorisation pour l'utiliser comme un secret partagé entre le service Keystone et les autres services d'OpenStack. On utilise openssl pour générer un jeton aléatoire et le stocker par la suite dans le fichier de configuration :

```
root@CloudCiresTelecom:~# openssl rand -hex 10
```

2. Nous avons modifié le fichier de configuration de Keystone **/etc/keystone/keystone.conf** :

- Dans la directive **[DEFAULT],** nous avons remplacé la valeur associée au **admin_token** par le résultat de la commande précédenteet la valeur associée au **bind_host** par l'adresse IP 192.168.204.128.
- Dans la directive **[sql]**, nous spécifié l'adresse IP 192.168.204.128.

Soit la capture d'écran suivante :

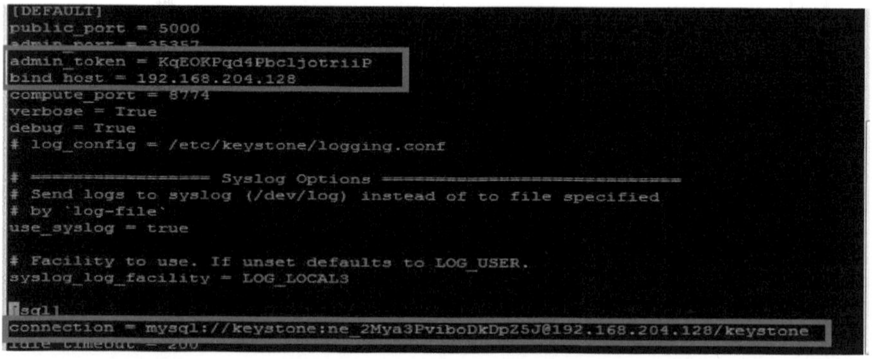

```
[DEFAULT]
public_port = 5000
admin_port = 35357
admin_token = KqEOKPqd4PbcljotriiP
bind_host = 192.168.204.128
compute_port = 8774
verbose = True
debug = True
# log_config = /etc/keystone/logging.conf

# ================ Syslog Options ================
# Send logs to syslog (/dev/log) instead of to file specified
# by `log-file`
use_syslog = true

# Facility to use. If unset defaults to LOG_USER.
syslog_log_facility = LOG_LOCAL3

[sql]
connection = mysql://keystone:ne_2Mya3PviboDkDpZ5J@192.168.204.128/keystone
```

Figure 40 : Modification du fichier de configuration Keystone.conf

3. Nous avons redémarré le service Keystone avec la commande service keystone restart.

Annexe III :

La configuration du service Glance :

1. Nous avons ajouté dans la directive [filtre: authtoken] des deux fichiers /etc/glance/glance-api-paste.ini et etc/glance/glance-registry-paste.ini les variables d'authentification de Glance au Keystone :

```
[filter:authtoken]
paste.filter_factory = keystone.middleware.auth_token:filter_factory
service_protocol = http
service_host = 192.168.204.128
service_port = 5000
auth_host = 192.168.204.128
auth_port = 35357
auth_protocol = http
auth_uri = http://192.168.204.128:5000/
admin_tenant_name = service
admin_user = glance
```

Figure 41: Ajout de variables d'authentification de Glance au Keystone

Nous notons que le port 5000 est dédié pour l'authentification des utilisateurs et le port 35357 pour les services d'administration.

2. Nous avons modifié les deux fichiers de configuration **/etc/glance/glance-api.conf** et **/etc/glance/glance-registry.conf** en spécifiant dans la section section **sql_connection** l'adresse IP 192.168.204.128 :

```
sql_connection = mysql://glance:zZH6MEQaZ_6JCFpGZ0ZV@192.168.204.128/glance
# Number of Glance API worker processes to start.
# On machines with more than one CPU increasing this value
```

Figure 42 : Modification des fichiers de configuration de Glance

Annexe IV :

1. Nous avons modifié la directive **[DEFAULT]** du fichier de configuration **/etc/cinder/cinder.conf** :

- Nous avons spécifié l'adresse IP 192.168.204.128(l'adresse de la machine où est installé mysql server).
- Nous avons changé la valeur de **auth_strategy** par Keystone.

Soit la capture d'écran suivante :

```
[DEFAULT]
rootwrap_config = /etc/cinder/rootwrap.conf
api_paste_config = /etc/cinder/api-paste.ini
iscsi_helper = tgtadm
volume_name_template = volume-%s
volume_group = cinder-volumes
verbose = True
auth_strategy = keystone
state_path = /var/lib/cinder
sql_connection = mysql://cinder:TG0cyhIor7O2ONcJRI9Y@192.168.204.128/cinder
```

Figure 43 : Modification du fichier de configuration de Cinde

2. Nous avons ajouté dans la directive **[filtre: authtoken]** du fichier **/etc/cinder/api-paste.ini** les variables d'authentification de Cinder au Keystone :
   - auth_host (adresse de la machine hôte de Keystone).
   - auth_port (port d'administration).
   - admin_tenant_name (le nom du projet créé pour regrouper les utilisateurs de chacun des services d'OpenStack).
   - admin_user (le nom d'utilisateur créé pour le service Cinder).

Soit la capture d'écran suivante :

```
[filter:authtoken]
paste.filter_factory = keystone.middleware.auth_token:filter_factory
service_protocol = http
service_host = 192.168.204.128
service_port = 5000
auth_host = 192.168.204.128
auth_port = 35357
auth_protocol = http
admin_tenant_name = service
admin_user = cinder
```

Figure 44:Ajout de variables d'authentification de Cinder au Keystone

Annexe V :

1. Nous avons modifié la directive **[filtre: authtoken]** du fichier **/etc/nova/api-paste.ini**

```
[filter:authtoken]
paste.filter_factory = keystone.middleware.auth_token:filter_factory
service_host = 192.168.204.128
service_port = 5000
service_protocol = http
auth_host = 192.168.204.128
auth_port = 35357
auth_protocol = http
auth_uri = http://192.168.204.128:5000/v2.0/
```

Figure 45: Modification du fichier /etc/nova/api-paste.ini

2. Nous avons modifié le fichier de la configuration **/etc/nova/nova.conf** :

- Nous avons ajouté dans la directive **[DEFAULT]**quelques lignes concernant DHCP bridge, l'attribution de chemins et l'autorisation d'accès :
- Nous avons ajouté dans la même directive à la section **NETWORK** quelques lignes concernant la configuration du réseau :

```
[DEFAULT]
# LOGS/STATE
verbose=true
auth_strategy=keystone

dhcpbridge_flagfile=/etc/nova/nova.conf
dhcpbridge=/usr/bin/nova-dhcpbridge
logdir=/var/log/nova
use_syslog=true
syslog_log_facility=LOG_LOCAL1
state_path=/var/lib/nova
```

Figure 46 : Modification du fichier de la configuration de Nova

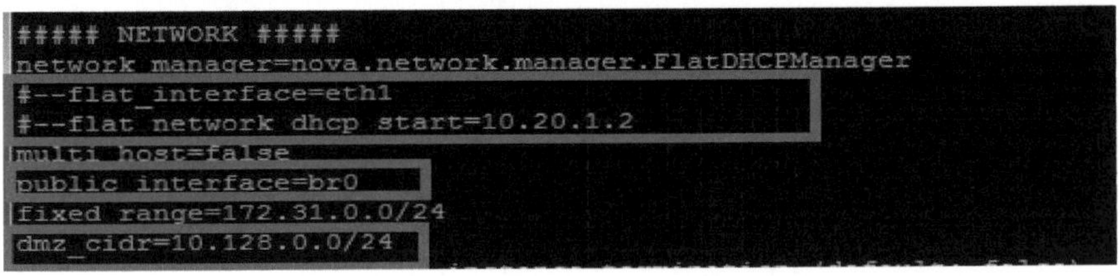

```
##### NETWORK #####
network_manager=nova.network.manager.FlatDHCPManager
#--flat_interface=eth1
#--flat_network_dhcp_start=10.20.1.2
multi_host=false
public_interface=br0
fixed_range=172.31.0.0/24
dmz_cidr=10.128.0.0/24
```

Figure 47: Configuration du réseau (Nova)

Annexe VI :

Nous avons modifié le logo par défaut du tableau de bord et de la page d'authentification d'OpenStack par notre propre logo (image logo.PNG) au niveau du fichier style.css (**/usr/share/openstack_dashboard/openstack_dashboard/static/dashboard/css/style.css**) :

```
h1.brand a
{
    display: block;
    float: left;
    width: 150px;
    height: 46px;
    text-indent: -9999px;
    position: ;
    background: url('/static/dashboard/img/logo.png' f1a4d2fb94a2') no-repeat center center;
    padding: 24px 24px 8px 16px;
}
```

Figure 48: Modification du logo du tableau de bord d'OpenStack

```
#splash .login
{
    padding-left: 290px;
    background: #fff url('/static/dashboard/img/logo.png' 88e3be47c411') no-repeat 49px 135px;
    width: 360px;
    min-height: 364px;
    position: absolute;
```

Figure 49: Modification de la page d'authentification d'OpenStack

Annexe VII :

L'interface d'administration d'OpenStack comprend les menus suivants :

- **Overview** : affiche le résumé général del'état de notre Cloud : l'usage des machines virtuelles par projet, utilisation actuelle en nombre de CPU virtuels, RAM et disques, compteur CPU et espace disque(GB) par heures.
- **Instances** : montre les instances créées (les machines virtuelles tournant à l'intérieur du notre Cloud).
- **Volumes** : montre les volumes créés(les disques de stockage) avec les caractéristiques associées.
- **Services** : donne un aperçu de l'état des services existants.
- **Flavors (Templates)** : décrit les Flavors (les types et les modèles de machines virtuelles) disponibles dans notre Cloud. En fait, un flavor correspond à la configuration matérielle (combinaison de l'espace disque, la mémoire et la capacité) d'une machine virtuelle proposée aux clients par le fournisseur du Cloud IaaS :

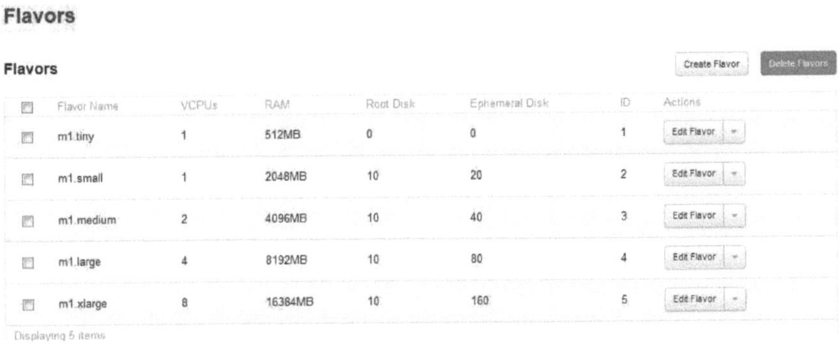

Flavors

Flavors

Create Flavor · Delete Flavors

Flavor Name	VCPUs	RAM	Root Disk	Ephemeral Disk	ID	Actions
m1.tiny	1	512MB	0	0	1	Edit Flavor
m1.small	1	2048MB	10	20	2	Edit Flavor
m1.medium	2	4096MB	10	40	3	Edit Flavor
m1.large	4	8192MB	10	80	4	Edit Flavor
m1.xlarge	8	16384MB	10	160	5	Edit Flavor

Displaying 5 items

Figure 50 : Menu Flavors de tableau de bord

C'est la liste de Flavors configurés par défaut. Nous pouvons créer d'autres Flavors pour les proposer aux clients.

- **Images :** permet de visualiser et de gérer les images existantes dans notre Cloud .En effet, les images dans ce contexte correspondent aux images de systèmes d'exploitation proposés aux clients. L'utilisateur choisit une image puis le Flavor sur lequel il décide d'installer cette image.
- **Users :**affiche la liste des utilisateurs du Cloud. Nous pouvons bien sur ajouter d'autres utilisateurs, supprimer et modifier les utilisateurs existants.
- **Projects :** affiche les projets (tenants) existants et les utilisateurs associés.
- **Quotas :** Affiche les quotas (limites) définis sur les ressources des machines virtuelles pour chaque projet. Les quotas sont définis pour chaque tenant pour éviter l'épuisement des capacités du système sans notification et optimiser les ressources du Cloud.

Annexe VIII :

Les menus principaux de tableau de bord (interface du client) d'OpenStack sont :

- **Overview :** fournit les informations sur les différentes instances qui ont été créés par le client, à savoir : le nom de l'instance, la durée liée à l'utilisation de l'instance et les caractéristiques de l'instance (RAM, Vcpu, volume disque).Le client peut donc à tout moment consulter ce qu'il a consommé et ce qui est encore

disponible pour lui en termes de ressources.
- **Instances :** permet au client de créer et de gérer ses propres instances de machines virtuelles.
- **Volumes :** permet au client de créer, de gérer des volumes (disques)et de les attacher aux instances.
- **Images& Snapshots** : affiche les images qui sont disponibles publiquement, les images et les snapshots des instances créées par le client. Il permet à ce dernier d'ajouter, supprimer et utiliser des images des OS.
- **Access & Security :** permet au client de créer (définir) de groupes de sécurité afin d'ajouter un niveau de sécurité pour ses propres instances. En effet, les groupes de sécurité sont un ensemble de règles d'accès au réseau qui jouent le rôle de firewalls pour les instances. Ils permettent d'interdire ou d'autoriser des trafics vers les instances. Ainsi ce menu permet également d'attribuer une adresse IP flottante à une instance en cours d'exécution pour le rendre accessible de l'extérieur et de créer un Key pair pour permettre l'accès à l'instance.

Annexe IX:

- **Génération d'un keypair**

Le keypair fournit au client une authentification sécurisée (ssh) à une instance. Il est généré séparément pour chaque projet et injecté dans l'instance au moment de sa création.

Le client peut créer un keypair en procédant comme suit : Sélection **Access and Security** ->**Create Keypair** ->choix d'un nom pour la clé.

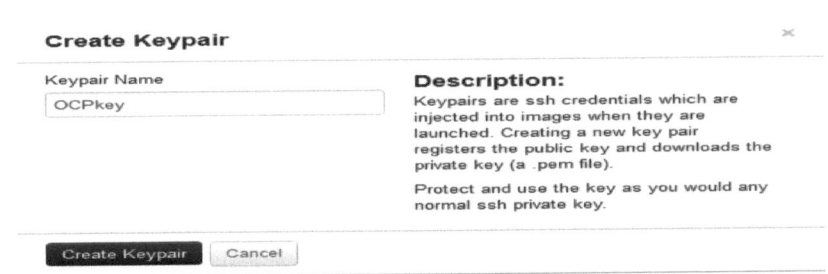

Figure 51 : Création d'un Keypair

- Création d'un groupe de sécurité

Le client doit créer un groupe de sécurité et définir le trafic qui veut permettre à ses instances VM du monde extérieur à travers différents ports et protocoles. Au minimum, il doit permettre de faire des pings et utiliser SSH pour se connecter à ses instances. Pour ce faire, le client doit suivre les étapes suivantes :

1. Sélection **Access and Security**->**Security Groups**->**Create Security Group** -> Choix du nom pour le groupe:

Figure 52: Création d'un groupe de sécurité

2. Sélection **Access and Security**->**Security Groups**->**Edit Rules**->**Add Rule** pour ajouter les règles désirées (permission par exemple de ICMP et SSH) au groupe de sécurité défini précédemment :

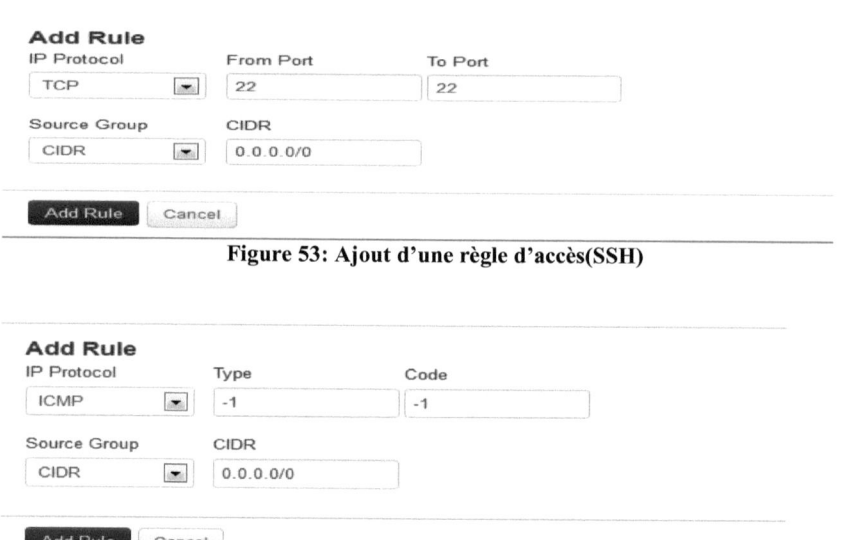

Figure 53: Ajout d'une règle d'accès(SSH)

Figure 54: Ajout d'une règle d'accès(ICMP)

Nous notons que dans le champ CIDR,le client peut autoriser l'accès de tous les réseaux (accepter les requêtes à partir de tous les réseaux : 0.0.0.0/0)ou spécifier la gamme d'adresses IP qu'il veut autoriser.

- **Allocation d'une adresse IP flottante**

Le client doit réserver une adresse IP flottante à partir de pool existant d'adresses (qui est déjà défini par l'administrateur) en sélectionnant **Access & Security->Floating IPs->Allocate IP to Project** et en choisissant le pool disponiblecomme il est illustré dans la capture suivante:

Figure 55: Allocation d'une adresse IP flottante

La capture d'écran suivante montre l'adresse IP réservée dynamiquement à partir de pool choisi après avoir cliqué sur Allocate IP :

Figure 56 : Adresse IP flottante allouée

Annexe X:

- **Scénario 1 :**

Pour créer sa propre instance, le client doit adopter la procédure suivante :

-Sélection **Instances-> Launch Instance**

-Spécification de caractéristiquesdésirées relatives à la machine virtuelle.

-Choix du groupe de sécurité et de Keypair créés auparavant.

Les deux captures d'écran suivantes illustrent la création d'une instance de test :

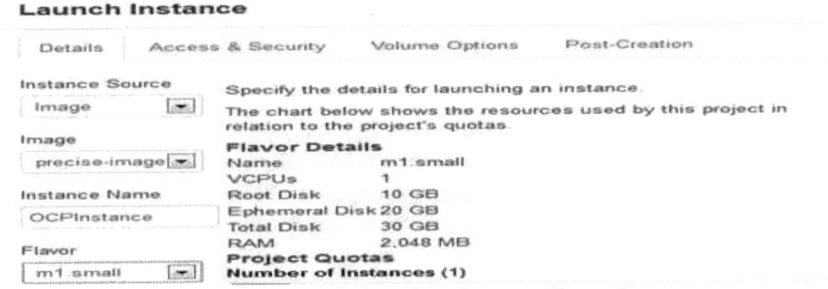

Figure 57 : Création d'une instance (étape 1)

Contribution à la préparation d'un environnement Cloud adéquat
pour l'intégration du service IAAS du Cloud Computing

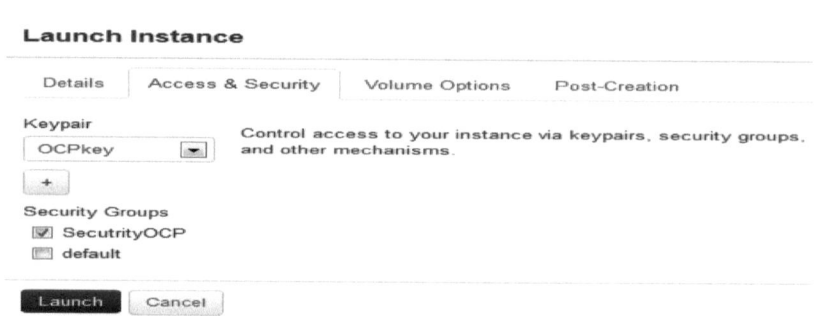

Figure 58: Création d'une instance (étape 2)

Après avoir cliqué sur le bouton Launch, le client doit avoir un message confirmant la création de l'instance avec succès :

Figure 59: Confirmation de la création de l'instance OCPInstance

La création de l'instance est marquée automatiquement par :

- L'allocation d'une adresse IP privée : 172.31.0.2 (dans notre exemple) permettant la communication entre les machines virtuelles.
- Le statut Active.

Pour accéder à l'instance créée depuis l'Internet, le client doit associer à cette instance une adresse IP flottante (adresse publique) comme suit :

-Sélection**Instances->Create Snapshot->Associate Floating IP**

-Choix de l'adresse IP flottante allouée précédemment.

**Contribution à la préparation d'un environnement Cloud adéquat
pour l'intégration du service IAAS du Cloud Computing**

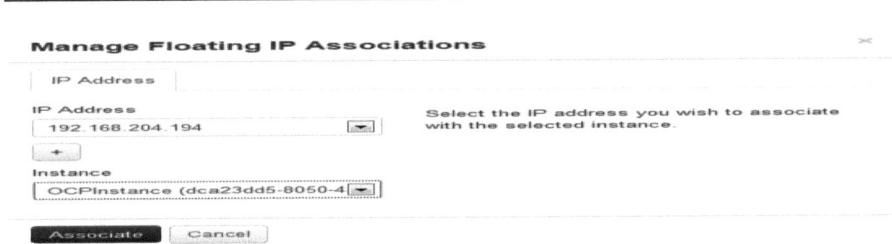

Figure 60 : Attribution de l'adresse IP flottante à l'instance créée

En cliquant sur Associate, le client doit recevoir un message de confirmation :

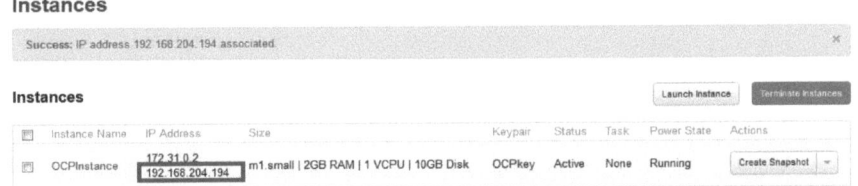

Figure 61 : Confirmation de l'attribution de l'adresse IP flottante

- **Scénario 2 :**

Nous avons créé une instance linux (ubuntu 12.04 LTS) nommée CiresTest avec la même démarche que le scénario 1 :

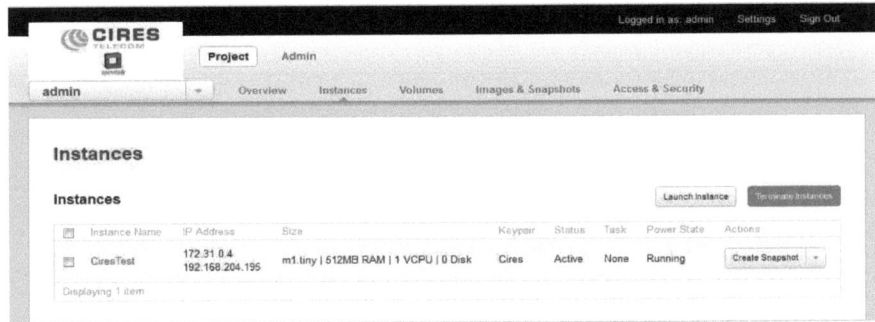

Figure 62: Création de l'instance CiresTest

Etude et mise en place d'une plateforme du Cloud : Service IaaS

I want morebooks!

Buy your books fast and straightforward online - at one of the world's fastest growing online book stores! Environmentally sound due to Print-on-Demand technologies.

Buy your books online at

www.get-morebooks.com

Achetez vos livres en ligne, vite et bien, sur l'une des librairies en ligne les plus performantes au monde!
En protégeant nos ressources et notre environnement grâce à l'impression à la demande.

La librairie en ligne pour acheter plus vite

www.morebooks.fr

OmniScriptum Marketing DEU GmbH
Heinrich-Böcking-Str. 6-8
D - 66121 Saarbrücken
Telefax: +49 681 93 81 567-9

info@omniscriptum.com
www.omniscriptum.com

Printed by Books on Demand GmbH, Norderstedt / Germany